Set, Topology,
Category

集合・
位相・
圏

数学の言葉への最短コース

Keisuke Hara

原 啓介

講談社

JN041837

まえがき

　数学を専門としない人が数学の専門家に質問や相談をすると，「それは何の上で定義されているのか」，「それはどこからどこへの関数なのか」としきりに尋ね返される．それは無意味に厳密だったり，些末なことにこだわっているのではない．ましてや，知識を誇ろうとしているのでもない．ただ，数学の言葉を話し，数学の言葉で考えようとしているのである．そして，その言葉とは「集合」と「写像」のことである．

　本書では，数学の非専門家を対象に，いわゆる「集合と位相」，つまり，数学の言葉としての「集合」と「写像」および，その重要な性質である「位相」の基礎概念を解説する[1]．さらに，新たに数学の言葉の仲間入りをしつつあり，分野によっては既に不可欠なものになった「圏」の概念についても，集合と写像をベースにその初歩の解説を行う．

　さて，このような数学の言葉であり基礎でもある「集合と位相」を学習する場合に問題になることが2つある．1つは厳密さの程度の問題である．集合とは何かをつきつめれば，数学とは何か，という問題にまで到達せざるを得ない．しかし一方で，数学の非専門家はもちろん，専門家を目指す人にすら，数学の論理的根底から学ぶことは効率が良い方法とは言えない．

　おそらく正しい態度は，「あらゆることがらにおいて同じように厳密性を求めることをせず，それぞれの場合においてその素材に応じまたその研究に固有な程度においてする」ことだろう．そこで，本書において目指した厳密さの程度は，確固たる足がかりを感じられる程度の深さである．無論，これを言うは易しく，行うのは非常に難しい．

　そして，もう1つの問題は，「集合と位相」の学習に "dicipline" の意味があることである．「数学をする」とか「数学がわかる」とはどういうことかを学ぶ

---

[1] 念のため確認しておけば，数学の基礎知識を提供する「集合と位相」科目に相当する内容であって，専門的な集合論や，位相空間論を扱うのではない．

最初の訓練コースとして，「集合と位相」が用いられていて，専門家になるには
このような議論の技術と作法を一種の「躾」として，ほとんど身体的なレベル
で叩き込む必要がある．しかし，「集合と位相」を学ぶ人の多くは，そもそも数
学者になることを目指してはいない．

　では，専門家の卵以外の人々には，そのような訓練は必要がないのだろうか．
この問いに対して，「その通り，まったく必要ない」と真剣に，かつ良心から（慢
心からの場合もあるが），答える人もいて，もっともな理由もある．

　しかし私自身は，数学の助けを借りたいだけの人，単に数学に好奇心や興味
を持っているだけの人すら，このような訓練課程を知ることが必要だと思う．
なぜなら，実はそれこそが，あなたが借りたいと思っている数学の威力と，あ
なたが知りたいと思っている数学の魅力の源泉だからである．

　その意味で，本書は数学の非専門家を対象とし，大きく導入の手間をかけて
解説しているが，内容は実質的に伝統的な数学入門コースである．「雰囲気をわ
かってもらえばよい」，「使えればよい」，という態度はとらず，数学として定義
を述べ，定理を与え，証明をする．「集合と位相」については，これが必須だと
信じるからである．

　本書の構成は以下のようになっている．第 0 章では集合，位相，圏それぞれ
の心を伝えるべく，簡単なイントロダクションを行う．

　第 1 章では素朴な立場に基いて集合を「定義」し，基本的な性質を調べる．
包含関係や，集合の演算などがその範囲である．

　第 2 章では前章で用いた言葉使いを反省し，論理と集合の関係について扱う．
ここでは，完全に厳密な立場にまで立ち返るわけではないが，数学が確固たる
基盤のもとで作り上げられていることが納得してもらえるよう努力した．

　第 3 章では写像の基本的な性質を扱う．ここでは本書の特徴として，圏論の
考え方を意識して写像の代数を，類書よりはやや詳しく調べる．

　第 4 章は，第 1 章で導入した集合に対し，より複雑な構造を持つ集合や，集
合への高度な操作を扱う．ここでも，圏論の考え方への導入として，集合の構
造を保つ写像について調べる．これは，単なる写像より複雑で豊かな，圏の例
になっている．

　圏論の学習が初学者にとって難しい理由の 1 つは，「高級な」数学分野から例
を挙げがちなことである．これは，数学の異なる分野の間に橋を架ける，圏論

の素晴しい抽象力を示すためだろう．しかし大抵の場合，初学者はこれらの数学に習熟していないどころか，まだ学んですらいない．そこで，本書では圏の例として，集合と写像の他，簡単な構造を持つ集合とその構造を保つ写像だけを例に挙げる．

第5章から第7章が位相についてのパートである．位相も集合の構造の1つである．第5章ではまず，馴染み深い実数 $\mathbb{R}$ とそれらの間の関数を題材に，その性質を調べる．例えば，$\mathbb{R}$ の部分集合が開集合，閉集合，コンパクト集合であること，数列の極限の意味，関数の連続性などである．

そして第6章では，前章で調べた具体的な部分集合や関数の性質を距離空間での性質として一般化する．そしてさらに第7章で，一般の位相空間へと抽象化する．つまり，位相的な性質の抽象化を二段階で行う．

この方針は確かに二度手間，三度手間ではあり，実際，現代的な入門書では一般の位相空間を先に定義し，のちにその例として距離空間特有の問題を扱うことが多い．しかし初学者にとっては，具体例から抽象へという順序が自然だろうし，とにかく位相的な概念の一通りを $\mathbb{R}$ で見てしまうことで，そのあとの理解も楽になるだろうと期待した．

第8章が圏についての解説である．第3章，4章では，写像の代数や構造を持つ集合を題材に，圏論の考え方を見たが，第8章ではこれを抽象化し，圏の理論として整理する．圏の定義，対象や射の簡単な性質が内容で，通常の「圏論入門」へのそのまた入門が位置付けである．

「集合と位相」については，さまざまなレベルの特徴ある教科書が多数存在していて，定番とされる名著もある．本書をさらに追加することは「屋下ニ屋ヲ架ス」であり，浅学菲才の身を省みぬ所業でもあろうが，丁度このような内容を求めている読者もいると信じ，おずおずと拙著を差し出す次第である．

数学を本格的かつ真面目に学びたい，という奇特な方々への一助となれば，幸甚である．本書を手にとって下さったすべての方々に感謝申し上げたい．

原 啓介

2020 年 小石川にて

目　次

集合，位相，圏のこころ

この章では，本書のテーマ「集合と写像」，「位相」，「圏」への導入とし
て，定義，定理，証明といった通常の数学書のスタイルを用いずに，その
「こころ」を解説する.

0.1 集合 ——「もの」の集まり

0.1.1 数学の基礎としての集合と写像

　数学書を読んでいて，「ニムゾヴィッチ性を持つモーフィー代数多様体は，自
明なデュシャン-羽生コホモロジーを持つ」という定理に出会ったとしよう. 生
憎，あなたはこの主張に含まれる概念をどれも知らない [1]. しかし，もしあな
たが数学の訓練を受けていれば，この定理に怯むことはないだろう.

　なぜなら第一に，あなたはこの定理が，2 つの集合の包含関係を主張してい
るに過ぎないことがわかっている. 第二に，各概念の定義は調べればわかるこ
とであって，その定義が未知の概念を含んでいても，さらにその定義を調べれ
ばよく，これを繰り返して集合の定義にまでさかのぼれることがわかっている.

　つまり，「数学がわかる」ということは形式的には，集合と写像の概念にすべ
て翻訳されることなのである. この意味で集合と写像は数学の言葉そのもので
あり，数学の基盤であると同時に，その材料のすべてである. したがって，数
学を真剣に学ぼうとするならば，集合と写像について一度は意識的に，その概
念とテクニックの一通りを学習せざるをえない.

　写像自体も集合によって定義できるので，数学は集合 (と論理) だけでできて
いると言ってよい. このようなことが可能なのは，集合がこれ以上に簡単なも
のを考えることができないほど単純であり，かつ，これ以上に強力なものを考
えることができないほど豊かな概念だからである.

---

[1] これらの概念は今，私がでたらめに名付けたので，それも当然である.

このように数学を集合の概念を用いて構成するという方針は，数学の歴史上，比較的ごく最近に，意識的に選択された方針だが，十分に検証され，広く通用するに至っている．

0.1.2　集合とは何か

それでは，集合とはなんだろうか．素朴には，集合とは「ものの集まり」であり，そのメンバに属するか属さないかが明文化されているものである．

x が集合 X にメンバとして含まれることを，記号で $x \in X$ と書き，そうでないことを $x \notin X$ と書く．集合とはこのどちらか一方が定まることであり，記号 "$\in$" のルールに他ならない．

$x \in X$ のことを，x は集合 X の元である，要素である，x は集合 X に属する，などと言う．また，元を括弧 $\{,\}$ でくくることで集合を表す．例えば，$A = \{1, 2, 3, 4\}$ は 4 以下の自然数を元に持つ集合である．

集合の要素は有限個とは限らない．例えば，自然数全体 $\{1, 2, 3, \dots\}$ はすべての自然数の集まりだし，$[0, 1]$ 区間に含まれる実数全体も集合である．

集合の元になりうるものは数に限らない．例えば，集合でもよい．実際，ある性質を満たす集合の集合がしばしば用いられるし，定義をさかのぼれば，すべての数学概念は集合の (集合の集合の……) 集合である．

また，1 つの元も持たない集合 (空集合) $\emptyset = \{\}$ も許される．なぜなら，いかなるものもメンバとは認めない，ということも，曖昧さのない集合の定義だからである．実際，次のような集合を考えてもまったく問題ない [2]．

$$\{\ \emptyset, \{\emptyset\}, \{\emptyset, \{\emptyset\}\}, \{\emptyset, \{\emptyset\}, \{\emptyset, \{\emptyset\}\}\}, \dots \}$$
$$= \{\ \{\}, \{\{\}\}, \{\{\}, \{\{\}\}\}, \{\{\}, \{\{\}\}, \{\{\}, \{\{\}\}\}\}, \dots \}.$$

それでは，どんなものでもメンバとして認める，という「すべてのものの集合」を考えてもよいだろうか．この定義にも曖昧さがないように思われる．

しかし，この「集合」を U と書くと，U 自身は U の元だろうか? どんなものでも U の元なのだから，U も元だろう．しかし，自分が自分に属することは奇妙なので，自分自身を元としない集合だけを扱いたくなる．

すると，自分自身を元に持たない集合全体の集合 U' を考えることになる．では，この U' は自分自身を元に持つだろうか? もし $U' \in U'$ ならば，U' は

---

[2] この集合は事実，自然数を定義する標準的な方法の 1 つである．

自分自身を元に持つから $U' \notin U'$ のはずだし，一方，もし $U' \notin U'$ ならば，U' の定義から U' の元であり $U' \in U'$．どちらも矛盾である[3]．

このように，集合を素朴に「ものの集まり」と「定義」するだけでは，その上に矛盾のない数学を構築できない．そこで，現代の数学では，集合をいくつかの公理を満たすものと定義し，それに対して許される記号操作を定めることで，このような問題を回避し，その上に厳密に数学を構成する．

とは言え，ほとんどの場合，集合の厳密な定義にまで立ち返る必要はない．つまり，「集合の定義にまでさかのぼる」とは，素朴な集合の定義と既に熟知している集合の例にまでさかのぼるに過ぎず，素朴な集合論が厳密な公理的集合論によって裏打ちされていることがわかっていれば十分である．

0.1.3 集合の表現力

もっとも単純な集合は，元を 1 つも持たない空集合 $\emptyset = \{\}$ である．次に簡単な集合は，何も特徴を持たない有限個の元がなす集合だろう．この場合は，例えば，$A = \{a, b, c\}$ のように，元を並べて集合が表せる．

このような集合だけを想像していると，なぜこのような単純なもので数学のあらゆる概念が表現できるのか，理解し難いかもしれない．しかし，集合にその構造を加えることによって，いくらでも複雑な概念を構築できるのである．

元の個数に話を戻せば，集合は無限に多くの元を持ってもよいのだった．しかし，無限にも色々な種類がある．特に，$1, 2, 3, \ldots$ と自然数の番号をつけられる程度の無限大と，それができない (ほど元が「多い」) 無限とを区別できるし，さらに多くの無限の種類の階層が考えられる．このことはまったく自明ではなく，現代的な集合論の重要な成果である．

元の「多さ」が集合のもっとも単純な構造であるが，これらからさらに複雑な構造を作り出していくことができる．その基本的な方法は，次章で学ぶ，いくつかの集合から新たな集合を作り出す色々な操作である．

また，集合に集合を用いて構造を追加することができる．その一般的な方法の 1 つが「写像」である．2 つの集合 X, Y に対し，X の元を Y の元に対応させる仕組みで，X の各元に対して Y の元がただ 1 つずつ定まるものを写像と言う．この写像も，$x \in X$ が $y \in Y$ に対応させられるようなペア (x, y) の

---

[3] このいわゆる「ラッセルのパラドクス」は B. ラッセルによって 20 世紀初頭に広く問題提起された．

集合で表せる．

写像を用いれば，集合の元の間にさまざまな関係を要請することができる．例えば，3 以下の自然数からなる集合 $A' = \{1, 2, 3\}$ は，上の集合 A と同じく 3 個の元を持つが，A よりもずっと豊富な構造を持っている．

事実，元 $1, 2, 3$ は自然数であるから，$1 < 2 < 3$ という大小関係 (順序関係) を持つし，また $1 + 2 = 3$ という代数的な関係も持っている．順序は 2 つの元に対し大小関係を決める，という対応関係であり，また代数的な関係は 2 つの元に対し，また別の元を対応させる，という対応関係である．よって，これらは写像を用いて表現できる．

このように，集合と写像を用いて数学的構造はなんでも表現できるし，集合と写像で表現できるものが数学で考えられるものの範囲なのである．

0.2 位相 — 「近づいていく」とは

0.2.1 数の集合の構造と位相

我々にとって馴染み深い，整数全体の集合 $\mathbb{Z}$，有理数全体の集合 $\mathbb{Q}$，実数全体の集合 $\mathbb{R}$ について考えてみよう．これらがどれも無限個の元を持つことや，$\mathbb{Z} \subset \mathbb{Q} \subset \mathbb{R}$ の包含関係，また，その他に色々な性質を持っていることも読者は認識しているだろう．

例えば，どれも無限に多い元を持つとは言え，包含関係からして，整数より有理数の方が「多く」，有理数より実数の方が「多い」気がする．しかし実は，数学の標準的な考え方では，$\mathbb{Z}$ と $\mathbb{Q}$ は「同程度の多さ」であり，これらより $\mathbb{R}$ は「ずっと多い」ことがわかる．

このような集合の元の多さを正確に定義したものを「濃度」と言うが，この濃度は集合の構造の 1 つである．つまり，整数や実数の全体は単なる元の集まりであるという以上に，濃度という性質を持っている．

また，これらの集合の元の間には大小関係がある．実際，2 つの数 a, b について，$a < b$ か $a = b$ か $a > b$ かのどれか 1 つが成り立つ．つまり，$\mathbb{Z}, \mathbb{Q}, \mathbb{R}$ はどれも元が一直線に並んでいる．これも集合の構造の 1 つである．

さらに，これらの集合の元には大小関係だけではなく，その差がどれくらい大きいかという「距離」の関係もある．例えば，1 と 2 は $1 < 2$ であるばかりか，その間の距離が $|2 - 1| = 1$ であり，一方，1 と 20 は同じく $1 < 20$ だ

が，間の距離は $|20 - 1| = 19$ とずっと大きい．

これら，「濃度」，「順序」，「距離」は集合の構造であり，第4章において一般の集合に対して抽象化された形で学ぶ．これらの構造を用いると，集合 $\mathbb{Z}, \mathbb{Q}, \mathbb{R}$ の間に元の「多さ」つまり濃度以外にも，次のような違いがあることがわかる．

例えば，直感的に $\mathbb{Z}$ は $\mathbb{Q}$ と $\mathbb{R}$ に比べて「ばらばら」な気がする．実際，整数5の距離1未満の近所には他の整数はないが，有理数や実数については，そのいくらでも近くに仲間の数がいる．つまり元の散らばり具合の「粗さ」が違うようである．では，$\mathbb{Q}$ と $\mathbb{R}$ の間に「粗さ」の差はあるだろうか．この差は位相の言葉で初めて明確にでき，一般化もできる．本書では第5章でこの問題を扱うが，ここでは手がかりだけ与えておこう．

有理数の列 $q_1, q_2, q_3, \ldots \in \mathbb{Q}$ が，どんどんと有理数「でない」数 x に近づいていくようにできる．例えば，$\sqrt{2}$ は有理数でないが，$1, 1.4, 1.41, 1.414, 1.4142, \ldots$ という近似列は $\sqrt{2}$ にどんどん近づいていく．しかし，実数についてはどんな列を作ってみても，実数でない値にどんどん近づいていくことはない．

このことは，$\mathbb{Q}$ が $\mathbb{R}$ のように「ぎっしり」詰まっているように見えるものの，実は $\mathbb{Z}$ のように「隙間だらけ」であり，一方で $\mathbb{R}$ は「べったり」と「連続」していることを示唆している．この違いを論理的に数学の言葉にすること，それが位相の問題である．

0.2.2 数列，点列の収束と位相

では，この「どんどん近づいていく」とはどういうことか．例えば，実数の列 $a_1, a_2, a_3, \ldots$ がある実数 a にどんどん近づいていくことを，a は 数列 $\{a_n\}$ の極限である，数列 $\{a_n\}$ は a に収束する，などと言い，記号では，$n \to \infty$ のとき $a_n \to a$，または，$\lim_{n \to \infty} a_n = a$ などと書く．

この意味を曖昧さのない論理的な言葉で表すため，数学ではこれを以下のように表現する；

($\star$)「任意の正の実数 ε に対し，ある自然数 N が存在して，N より大きい任意の自然数 $n > N$ について，$|a - a_n| < \varepsilon$ となる」．

この表現は初学者の最初の躓きになりがちだが，そのこころは，「どんな小さな誤差 ε を要請されても，十分に大きく N を選べば，N より先のすべての n については，a と a_n の差を ε 未満にできる」ということである．

つまり，「どんどん近づく」という曖昧な言葉を，「任意の」と「存在する」と

いう論理的に厳密な 2 つの語で言い換えている. しかも, 主張 (⋆) には,「どんな (小さな)～を要請されても」や,「十分に (大きく)～を選べば」といった言葉すらない. そのような雰囲気を伝える語なしに,「どんどん近づく」ことが正確に表現されているのである. これは驚くべき言語的発明であって, このような論法に慣れ切った数学者にすら十二分な鑑賞に値する.

この極限の視点は, 実数全体 $\mathbb{R}$ の位相的性質の手がかりになったように, 実数から実数への写像 (関数) の位相的性質を語る言葉にもなる. 関数 f の点 a での値 $f(a)$ を知ることが難しいとき, a に収束する数列 $\{a_n\}$ の各点での値 $f(a_n)$ で近似しようとする. この近似が意味を持つには, $f(a_n)$ が $f(a)$ に「どんどん近づいて」いかなくてはならない. これが「連続性」の問題である.

例えば, 関数 $f : \mathbb{R} \to \mathbb{R}$ が点 $a \in \mathbb{R}$ で「連続」であるとは, $n \to \infty$ のとき $a_n \to a$ ならば $f(a_n) \to f(a)$ となること, すなわち, $\lim_{n \to \infty} f(a_n) = f(a)$ のことだと, 高校数学では学習する. つまり, 感覚的に言えば, 関数のグラフに「飛び」がないことである.

しかし, このような感覚的で曖昧な言葉では, 連続かどうか判断できない微妙な例がいくらでもある. 例えば, 以下の演習問題を考えていただきたい.

演習問題 0.1　トポロジスト (位相幾何学者) のサインカーヴ

以下の関数 $f(x)$ のグラフの概形を書け. この関数は $x = 0$ において連続だろうか?

$$f(x) = \begin{cases} \sin(1/x), & (x \neq 0 \text{ のとき}) \\ 0, & (x = 0 \text{ のとき}) \end{cases}$$

この問に答えるには,「連続である」や「つながっている」をきちんと数学の言葉で記述する必要があり, そうしない限り,「連続」とは何かすら, 我々にはわかっていないのである.

0.2.3　「どんどん近づく」の抽象化

厳密な解析学に入門すると, 前項で見た関数の連続性は, 以下のような「ε-δ 論法」で定義することを習う. 関数 $f : \mathbb{R} \to \mathbb{R}$ が点 a で連続であるとは,

(⋆⋆)「任意の正の実数 ε に対し, ある実数 δ が存在して, $|a - x| < \delta$ を満

たす任意の x について $|f(a) - f(x)| < \varepsilon$ となる」ことである．この主張と前項の主張 $(\star)$ の類似性に注意されたい．

　この記述は完全に論理的で，$\mathbb{R}$ から $\mathbb{R}$ への関数について考える限りなんの問題もない．しかし，一般の集合の間の関数については，絶対値の記号 $|\cdot|$ に意味がない以上，上の定義を用いるわけにはいかない．

　そこで，より一般の関数について連続性を考えるには，上の定義をさらに抽象化する必要がある．すぐ思いつくのは，絶対値 $|\cdot|$ を同じ役割をするもので置き換えることだろう．つまり，点 x が点 a に「どんどん近づく」ことを記述するため，2 点間の「距離」に相当するものがあればよい．この「距離」を用いて，その空間やその空間上の関数の位相の問題を扱うことができる．

　また，$(\star\star)$ は関数のある点での値を近くの点の値で近似したい，ということだったが，1 点のみならず，ある関数の全体を他の関数で近似したいときもある．そのためには関数たちの集合を考えて，その元である関数の間の「距離」を定義すればよい．このように，複雑な対象を集合のただの元だと思ってしまう，というアプローチは，数学の常套手段である．

　このように「距離」を導入するという方法は，位相の問題を扱う 1 つの抽象化であるが，そもそも「距離」すら持たない場合，あるいは，さらに抽象化した考え方を用いることが便利な場合などがある．

　このようにして，「距離」すら用いずに，いかにして「どんどん近づいていく」を数学の言葉にするのか，という問題に到達する．ここに，「位相空間」を定義するという問題，すなわち，位相の本質をえぐりだす必要に迫られるのである．

0.3　圏 —「写像の代数」という見方

0.3.1　写像の代数

　集合 A から集合 B への写像 f を表す方法は，おおむね 2 通りある．1 つの方法は，集合 A の各元が集合 B のどの元に写るかを書き表す．記号では，$a \in A$ を $f(a) \in B$ に写すとき，$f : a \mapsto f(a)$ と書く．例えば，f が実数 x をその 2 乗 x^2 に写す写像ならば，$x \mapsto x^2$ や $f(x) = x^2$ のようにも書けるだろう．

　もう 1 つの方法は，f の具体的な働きや，集合 A, B の内側のことはさておき，どこからどこへの写像であるかだけに注目して，

$$f : A \to B \quad \text{または} \quad A \xrightarrow{f} B$$

のように書く．この後者の書き方は，集合に優るとも劣らぬ，表現と抽象の力を持っている．その秘密は，写像の「合成」である．

　今，集合 A から B への写像 $f : A \to B$ と，B から C への写像 $g : B \to C$ を考えよう．このとき，f によって A の元を B の元に写し，さらにそれを g によって C の元に写すことで，A から C への写像が構成できる．

　これを f と g との合成 (写像) と言い，記号で $g \circ f$ と書く．f と g の順序が逆のように見えるが，元 $a \in A$ を $f(a) \in B$ に写して，さらに $g(f(a)) \in C$ に写す，という関数の書き方にあわせたのである．

　また，3 つの写像 $f : A \to B,\ g : B \to C,\ h : C \to D$ について，

$$(h \circ g) \circ f = h \circ (g \circ f)$$

が成り立つこともすぐわかる (写像の合成の結合法則)．これは数のかけ算に似ているが，交換法則 $f \circ g = g \circ f$ は一般には成り立たない．

　また，集合 A に対して，A から自分自身への写像を $A \ni a \mapsto a \in A$ で定めたものを恒等写像と言う．写像 $f : A \to B$ と，A, B それぞれの上の恒等写像 I_A, I_B について，

$$f \circ I_A = f, \quad I_B \circ f = f$$

が成立することは，以下の図を眺めてみれば明らかだろう．

$$I_A \,\circlearrowleft\, A \xrightarrow{f} B \,\circlearrowright\, I_B$$

　つまり，恒等写像は数のかけ算で言えば，単位元 "1" のような働きをする．逆に言えば，上のように働く写像を恒等写像と定義してもよかろう．そうすれば，これらの定義に集合の元は不用である．

　以上のように，写像の合成は「代数」をなしている．そして，この構造は数学におけるさまざまな対象を表現し，抽象化する力を秘めているのである．

0.3.2　逆写像の 2 つの定義

　この力の一端を逆写像を例に見てみよう．写像 $f : A \to B$ は A の元を B の元に対応させるが，この対応を逆向きに見たいことがある．つまり，f によって $a \in A$ が $b = f(a) \in B$ に写されるとき，この b を a に写す逆写像 $f^{-1} : B \to A$ を考えたい．

　このとき問題になるのは，ある $b \in B$ に写る A の元が 2 つ以上あるかもしれないことと，1 つもないかもしれないことの 2 点である．つまり，逆写像 $f^{-1} : B \to A$ は，各 $b \in B$ に写される $a \in A$ がただ 1 つずつ定まるときのみ，定義できる．これが初学者が学ぶ，通常の逆写像の定義である．

　しかし，もう少し学習を続けると，新たな逆写像の定義に出会う．その方法では，$f : A \to B$ の逆写像を $g \circ f = I_A$ かつ $f \circ g = I_B$ を満たす写像 $g : B \to A$ と定義する．この定義は簡潔で，十分に便利でもある．

$$I_A \, \circlearrowleft \, A \underset{g=f^{-1}}{\overset{f}{\rightleftarrows}} B \, \circlearrowright \, I_B$$

　この定義の欠点は，2 つの集合の元が「1 対 1」に対応していることや，このような逆写像が存在すればただ 1 つであることが一見してわからないことだが，それらは上の合成写像の関係から証明できる．事実，以上の逆写像の 2 つの定義は同値である．

　このように，写像で写される元が集合のすべてに渡る，とか，異なる元が異なる元に写る，といった元と写像の関係も写像の代数で述べうるのである．

0.3.3　圏の考え方

　さらに，集合の元そのものを写像の言葉で述べることもできる．それにはまず，1 つしか元を持たない特別な集合 P を用意する．この P から A への写像 $\varphi : P \to A$ は，A の元とみなせる．なぜなら，P の唯一の元 $p \in P$ が写される先 $\varphi(p) \in A$ は A の 1 つの元である．

　では，その「1 つしか元を持たない集合」（1 点集合）をどのように写像だけで定義するのだろうか．それは「どのような集合からもそれへの写像がただ 1 つしかないような集合」である！なぜなら，行き先の集合の元が 1 つしかないのだから，すべての元をその元に写す写像しかありえない．

　このような性質を持つ集合 P は 1 点集合だけだろうか．この性質を持つ集合 P' がもう 1 つあれば，P から P' への写像も，この逆向きの写像も 1 つしかない．また P' から自身への写像も 1 つしかない（実は $I_{P'}$）．よって，これらの合成は逆写像の定義を満たし，P と P' は 1 対 1 に対応する．よって 1 点集合はこの対応を除き，つまり本質的に，1 つしかない（ちなみにこの議論は典型的な圏論的証明である）．

$$I_P \, \bigcirc \, P \, \underset{g=f^{-1}}{\overset{f}{\rightleftarrows}} \, P' \, \bigcirc \, I_{P'}$$

　このように写像の代数は，思いがけない分析力を持っている．この考え方は
さらに，写像の合成と同じ代数的性質さえ持っていれば，「ものからものへの矢
印」についても通用するはずだ，と抽象化できる．これは「ものの集まりを集
合と言う」に匹敵するほど単純で，強力な抽象化である．

　誤解と矮小化を怖れずに大胆に言えば，これが圏論である．「もの」があって，
「もの」の間に「矢印」があって，その「矢印」が写像の合成と同じ代数的性質を
持つ，これを圏と言う．この圏を用いて，あらゆる数学を考えていく．「もの」
と「矢印」だけですべての概念が構成されている以上，その議論は基本的には
矢印の図 (図式) をたどることで果たされる．

第1章

集合

この章では素朴な立場から集合を定義し，その基本的な性質や演算に
ついて解説する．集合の色々な構造についてはあとの第 4 章で扱う．

1.1 集合とは ― 素朴な定義

1.1.1 集合の「定義」

ほとんどの入門的な教科書では集合の厳密な定義は行わず，集合とは，「いく
つかのものをひとまとめにして考えた 'ものの集まり' のことである」[1] といっ
た直観的な説明ですませてしまう．この態度は，集合が数学の基盤であり数学
の言葉であるという立場からすれば，素朴すぎるように思われるかもしれない．

しかし，前章でも述べたように，ほとんどの場合はこのような素朴な集合の
「定義」と，集合に対して許される操作と，いくつかの基本的な集合の例につい
て習熟していれば十分である．よって，本書でもおおむね，この楽観的で素朴
な集合論の立場で解説を行う．

とは言え，数学が強固な基盤の上に構築されていることを納得し，集合の概
念の本質を実感するため，厳密な集合の定義の様子を知っておくことも必要だ
ろう．そのため，次章で集合の公理的定義について若干の解説を加える．

さて，それでは，集合とはものの集まりである．この「もの」は数，関数，文
字，記号，または集合自体など，色々な数学的対象でありうる．そして大事な
ことには，ある「もの」がその「集まり」に属するか否か，その一方のみであ
ることが確定していなくてはならない．

ある「もの」x がある集合 X に属することを，x は X の元である，要素で
ある，X は x を含む，などと言い，記号では $x \in X$ と書く．また，x が X
に属さないことを $x \notin X$ と書く．この記号は，逆向きに $X \ni x$ などと書くこ

---

[1] [4] 松坂『集合・位相入門』.

ともある.

　具体的な集合を記述するには, おおむね 2 通りの方法がある. 第一の方法は, その集合の元を並べて書く. 例えば, 5 以下の自然数からなる集合 A を,

$$A = \{1, 2, 3, 4, 5\}$$

のように, 中括弧 $\{,\}$ でその元を囲むことで表す. ここで, 例えば $3 \in A$ であり, $0 \notin A$ である.

　元の数が多いときには, 以下のように省略の意味の記号 "$\ldots$" を用いて,

$$A' = \{1, 2, 3, \ldots, 50\}, \quad \mathbb{N} = \{1, 2, 3, \ldots\}$$

などと書く. ここで A' は「50 以下の自然数の集合」であり, $\mathbb{N}$ は自然数全体の集合である. このように集合は無限個の元を持ってもよい. この "$\ldots$" による省略記法はやや曖昧だが便利である. 有限個の元を持つ集合のことを有限集合と呼び, そうでない集合のことを無限集合と言う [2].

　集合を具体的に記述する第二の方法は, その集合に属するための条件を指定することである. 例えば, 上の例の集合 A を,

$$A = \{n : n \text{ は 5 以下の自然数}\}$$

のように, 記号 "$:$" のあとに条件を書いて表す [3]. 実際は, より数学的に,

$$A = \{n : n \in \mathbb{N}, 1 \le n \le 5\} \quad \text{または} \quad A = \{n \in \mathbb{N} : 1 \le n \le 5\}$$

などと書くことの方が多いだろう. さらに, 文脈から意味が明らかな場合には, $A = \{1 \le n \le 5\}$ などと省略した書き方をすることもある.

注意 1.1　集合を定める条件について　ある集合に対し, ある「もの」はその元であるかないかどちらか一方だが, 実際にそのどちらかは別問題である. 例えば, 円周率 π と自然対数の底 e が有理数でないことは知られているが, それらの和 $\pi + e$ も積 πe も, 2019 年現在のところ有理数かどうかわかっていない. しかし, これらが有理数か否かのどちらかであることは確かである以上, 有理数全体の集合を考えることに問題はない.

---

[2] ここでは「有限個」の意味を既に知っているものとするが, のちに写像の言葉で有限集合と無限集合を定義する (定義 4.2)

[3] この "$:$" の代わりに "$|$" や "$;$" を用いる流儀もあるが, 本書では "$:$" に統一する.

1.1.2 集合の例

いくつか基本的な集合の例を挙げておく．これらはより複雑な集合を定義する基礎にもなる．まず，もっとも単純で基本的な集合が以下の空集合である．

例 1.1 空集合 $\emptyset$ 元を 1 つも持たない集合を空集合と言い，$\emptyset$ と書く．つまり，$\emptyset = \{\}$ である．空集合 $\emptyset$ は，いかなる x に対しても $x \notin \emptyset$ であるという特別な性質を持つ．

集合の元は集合でもよいのだったから，以下のような集合を考えてもよい．

例 1.2 集合の集合 空集合 $\emptyset = \{\}$ を元に持つ集合 $N_1 = \{\emptyset\} = \{\{\}\}$ が考えられる．さらに，$\emptyset$ とこの N_1 を元に持つ集合 $N_2 = \{\emptyset, N_1\} = \{\emptyset, \{\emptyset\}\} = \{\{\}, \{\{\}\}\}$ が考えられる．さらに，$N_3 = \{\emptyset, N_1, N_2\}$ や，$N_4 = \{\emptyset, N_1, N_2, N_3\}$ も順に考えられる．

集合は無限に多くの元を持ってもよい．例えば，自然数全体や実数全体の集合などがそうである[4]．これら馴染みの数の集合たちは頻繁に用いられるので，以下のように記号を与えておく．

例 1.3 自然数，実数など 自然数全体の集合を $\mathbb{N}$, 整数全体の集合を $\mathbb{Z}$, 有理数全体の集合を $\mathbb{Q}$, 実数全体の集合を $\mathbb{R}$ と書く．

実数について言えば，以下のような色々な「区間」にも，これまでに出会っているだろう．もちろん，これらも集合である．

例 1.4 実数の区間 実数 a, b で $a < b$ を満たすものに対し，a 以上で b 以下の実数全体のなす集合を閉区間と呼び，$[a, b]$ と書く．つまり，

$$[a, b] = \{x : x \in \mathbb{R}, a \leq x \leq b\}.$$

この不等号 "$\leq$" を "$<$" にして同様に定義した，

---

[4] これらの数の厳密な定義も集合の概念を用いて与えられるのだが，これらについて十分に「知っている」ものとしておく．

$$(a, b) = \{x : x \in \mathbb{R}, \, a < x < b\}.$$

のことを開区間と呼ぶ．同様にして，以下のような定義もよく用いられる．

$$(a, b] = \{x : x \in \mathbb{R}, \, a < x \leq b\},$$

$$(a, \infty) = \{x : x \in \mathbb{R}, \, a < x\}, \quad (-\infty, a) = \{x : x \in \mathbb{R}, \, x < a\}.$$

$[a, b), [a, \infty), (-\infty, a], (-\infty, \infty) = \mathbb{R}$ なども同様（∞ と $-\infty$ は実数ではないので $[a, \infty]$ のようには書かない）．これらもあわせて区間と呼ぶ．

1.2 包含関係

1.2.1 包含関係と部分集合

集合と集合の間の関係でもっとも基本的で重要なものが，その一方が他方に「含まれている」という包含関係，すなわち以下の部分集合の概念である．

> **定義 1.1 部分集合と包含関係** 2つの集合 A, B について，A の任意の元が B の元でもあるとき，B は A を包含する，含む [5]，A は B の部分集合である，などと言い，記号で $A \subset B$ と書く．

$A \subset B$ は逆向きに $B \supset A$ と書くこともある．また，$A \subset B$ かつ $B \subset C$ であるとき，$A \subset B \subset C$ のようにまとめて書くこともある．

上の定義の中の「任意の」という数学特有の言葉について注意を与えておく．

> **注意 1.2 「任意の」，「存在」** 集合 A に属するすべての元についてある性質が成り立つとき，A の「任意の」元について成り立つ，と言う．
> 一方，A の少なくとも1つの元について成り立つときは，A の「ある」元について成り立つ，とか，成立するものが「存在」する，と言う．この成立する元は1つでも，複数でも，すべての元でもよい．

包含関係を用いて，集合が「等しい」ことを以下のように定義する．

---

[5] 「含む」の語は集合が元を持つことにも用いられるのでまぎらわしいが，慣例にしたがっておく．実際，どちらの意味でも広く用いられている．

定義 1.2　等しい集合　2 つの集合 A, B について，$A \subset B$ かつ $B \subset A$ が成り立つとき，集合 A と B は等しいと言い，$A = B$ と書く．そうでないとき，集合 A と B は等しくないと言い，$A \neq B$ と書く．また，$A \subset B$ かつ $A \neq B$ であるとき，A は B の真部分集合であると言う．

ここで，$A \subset B$ は $A = B$ の場合を含んでいることに注意されたい [6]．

この定義から，集合 $\{1, 2, 3, 4\}$ と集合 $\{1, 4, 3, 2\}$ が等しい集合であること，また $\{1, 1, 2, 3\}$ のような元の繰り返しに意味がないことも明確になる．

また，数学の多くの問題は，別々の方法で定義した 2 つの集合が等しいかどうかにしばしば翻訳されるが，上の定義はこの証明方法も示唆している．つまり，その標準的な「作法」は，一方の集合の任意の元が他方にも属すことをそれぞれ示すことである．対照的に，等しくないことを証明するには，どちらか一方の集合のある元 (たった 1 つでよい) が他方に属さないことを示せばよい．

1.2.2　部分集合の例

いくつか簡単な部分集合の例を挙げておこう．

例 1.5　集合 $A = \{1, 2, 3\}$ の任意の元はどれも自然数，つまり $1, 2, 3 \in \mathbb{N}$ だから，A は $\mathbb{N}$ の部分集合である．記号で書けば $A \subset \mathbb{N}$．

例 1.6　区間　$a < b$ であるような実数 a, b を固定したとき，区間 $[a, b], (a, b)$ などは，それらの元が実数なので，実数全体 $\mathbb{R}$ の部分集合である．つまり，$[a, b] \subset \mathbb{R}, (a, b) \subset \mathbb{R}, (a, \infty) \subset \mathbb{R}$ など．

例 1.7　数の包含関係　よく知っているように，自然数は整数，整数は有理数，有理数は実数である．包含関係で書けば，$\mathbb{N} \subset \mathbb{Z} \subset \mathbb{Q} \subset \mathbb{R}$．

以下はやや抽象的な例だが重要である．

---

[6] これは，数の等号不等号 "$=, <, \leq$" との類比としては平仄があわないため，"$\subset$" の代わりに "$\subseteq$" を用いる流儀もある．この場合には "$\subset$" に真部分集合の意味を与えることが多い．

> **例 1.8　その集合自身と空集合**　任意の集合 X について，X の任意の元
> はもちろん X の元だから，常に $X \subset X$. また，空集合 $\emptyset$ は，元を持た
> ないから自動的に，その任意の元が集合 X の元. よって，どんな集合 X
> についても $\emptyset \subset X$ であるし，$\emptyset \subset \emptyset$ も正しい.

　ある集合 A に対して，その部分集合を元とする集合は，しばしば興味深い研
究対象になる. 特によく現れるのは，部分集合の全体の集合である.

> **定義 1.3　冪集合**　集合 A に対し，その部分集合の全体のなす集合を A
> の冪集合と言い，2^A と書く. つまり，$2^A = \{X : X \subset A\}$.

　この "2^A" の記法は，A の各元 について部分集合 X の元として採用する／
しない 2 通りの可能性の全体，という意味から来ている.
　集合の集合については，元として属することと，部分集合として含まれるこ
とが，しばしばまぎらわしい. この理由から，特に集合の集合を，一般的な集
合と区別して「集合族」と呼ぶこともある.
　部分集合の集合の概念に慣れるため，以下に簡単な例を挙げておく.

> **例 1.9**　　集合 $A = \{1, 2, 3\}$ 対し，その冪集合 2^A は，
>
> $$2^A = \{\emptyset, \{1\}, \{2\}, \{3\}, \{1,2\}, \{2,3\}, \{1,3\}, \{1,2,3\}\}.$$
>
> ここで，$A \in 2^A$ だが $A \subset 2^A$ ではない. しかし，$\emptyset \in 2^A$ かつ $\emptyset \subset 2^A$.

> **演習問題 1.1**
> 　任意の $x \in X$ について $x \subset X$ でもあるような，集合 X があるだろ
> うか.

1.3　集合の演算

1.3.1　集合の演算の基本
前項で導入した冪集合は (定義 1.3)，集合から新しい集合を生み出す操作で

もある．数学では，このように基礎的な集合たちからより複雑な集合を構成していく．その基本的な操作が，以下に示す各種の演算である．

定義 1.4　共通部分と和集合　2 つの集合 A, B に対して，A と B の両方に属する元の全体からなる集合を A と B の共通部分，共通集合，交わり，などと言い[7]，記号で $A \cap B$ と書く．つまり，

$$A \cap B = \{x : x \in A \text{ かつ } x \in B\}.$$

また，A または B に属する元，つまり，A か B の少なくとも一方に属する元の全体からなる集合を A と B の和集合，または合併 (集合) と言い，記号で $A \cup B$ と書く．つまり，

$$A \cup B = \{x : x \in A \text{ または } x \in B\}.$$

上の定義で用いた「かつ」と「または」の言葉について，念のため注意しておく．

注意 1.3　「かつ」と「または」　日常生活においては大抵の場合，「または」が選択肢のうちのどれか 1 つだけを選ぶ意味であるのに対して，数学用語の「または」は少なくとも 1 つが成立していることである．

　例えば，「$x \in A$ または $x \in B$ または $x \in C$ である」とは，x が集合 A, B, C のどれか 1 つだけに属するという意味ではなく，このうちの 1 つか，2 つか，あるいは 3 つすべてに属していることである．

　「かつ」については，日常用語と同じく，選択肢のすべてが成立していることである．なお，集合を定義する条件を並べて書いた場合は，通常，「かつ」の意味であることも注意しておく．例えば，上の共通部分の定義では，明確に「かつ」の語を入れたが，$A \cap B = \{x : x \in A, x \in B\}$ のように書くことが多い．

定義 1.5　差集合と補集合　2 つの集合 A, B に対して，A の元であって B の元ではないもの全体の集合を A と B の差集合，または単に差と言っ

---

[7]「積集合」という語も広く用いられているが，のちに定義する直積集合とまぎらわしいため，本書では用いない．

て，$A \setminus B$ と書く．つまり，

$$A \setminus B = \{x : x \in A, x \notin B\}.$$

また，考えている集合たちを含む集合 (全体集合と言う) Ω が想定されているとき，$\Omega \setminus A$ のことを A の補集合と言い，A^c と書く[8]．つまり，

$$A^c = \Omega \setminus A = \{x : x \in \Omega, x \notin A\}.$$

定義から直ちにわかるように，和集合と共通部分は対称的，つまり，常に $A \cap B = B \cap A$, $A \cup B = B \cup A$ だが，差集合については「向き」があり，$A = B$ でない限り $A \setminus B \neq B \setminus A$ である．

包含関係と補集合の間の以下の関係は簡単ではあるが，論理の法則として重要な主張であることがのちにわかる．

定理 1.1　2 つの集合 A と B (と全体集合) について，$A \subset B$ ならば $B^c \subset A^c$ が常に成り立つ．

これは本書で初めて登場した定理である．定理とは，興味深い論理的主張を簡潔に書いたもので，ほとんどの場合，すぐには正しいと見てとれない複雑な主張である．よって，各々が正しいことがはっきりしているステップに分けて，主張が正しいことを論証すること，すなわち，証明を必要とする．

以下の証明の方針は，結論は正しいか正しくないかの一方なので，正しくないと仮定すると矛盾が生じることを示せばよい，という「背理法」である．

証明　任意に $x \in B^c$ をとる．このとき，$x \in A$ を仮定して，矛盾を導こう．$A \subset B$ だから，$x \in A$ より $x \in B$(包含関係の定義 1.1) となるが，これは $x \in B^c$ に矛盾 (補集合の定義 1.5)．よって，$x \notin A$ であり，$x \in A^c$．これで任意の $x \in B^c$ について $x \in A^c$ が言えたから，$B^c \subset A^c$．　　　　□

共通部分，和集合，補集合の間に以下の重要な定理が成り立つ．定義をたどればほぼ明らかな主張だが，やはり丁寧な証明を与えておく．この証明の方針

---

[8] 集合 A の補集合を $\overline{A}$ と書く記法も広く用いられているが，本書では使わない．

が，定義 1.2 のあとに述べた，集合の一致を示す常套手段であることにも注意せよ.

定理 1.2　ド-モルガンの法則　2 つの集合 A と B (と全体集合) について，$(A \cap B)^c = A^c \cup B^c$ が常に成り立つ.

証明　任意に $x \in (A \cap B)^c$ をとる. x は A, B の共通部分に属さないから，A か B の少なくとも一方に属さない. つまり，$x \in A^c$ または $x \in B^c$ だから，$x \in A^c \cup B^c$. ゆえに，$(A \cap B)^c \subset A^c \cup B^c$.

次は逆に，$x \in A^c \cup B^c$ を任意にとる. すなわち $x \in A^c$ または $x \in B^c$. もし $x \in A^c$，つまり x が A の元でないならば，もちろん A, B の共通部分の元でもない. 同様に $x \in B^c$ であっても，A, B の共通部分の元ではないから，$x \in (A \cap B)^c$. ゆえに，$A^c \cup B^c \subset (A \cap B)^c$.

以上で両方向の包含関係が言えたから，$(A \cap B)^c = A^c \cup B^c$.　　　　　　□

集合の演算に慣れていない読者のため，以下に練習問題を挙げておく.

演習問題 1.2　ベン図

簡単な集合を視覚化する方法に「ベン図」がある (以下の図 1 は $A \cap B$ をベン図で図示したもの). ベン図を用いて，$A \cup B, A^c$ などを図示し，また，上のド-モルガンの法則を確認せよ.

演習問題 1.3

任意の集合 A に対して $(A^c)^c = A$ の関係を用いて，上のド-モルガンの法則の $\cap, \cup$ を入れ替えた $(A \cup B)^c = A^c \cap B^c$ も成り立つことを示せ.

1.3.2　集合族に対する演算

2 つの集合に対する基本的な演算，共通部分 $\cap$ と和集合 $\cup$ は，すぐに有限個の集合に対する演算に拡張できる. 例えば，集合 A, B, C に対して，

$$(A \cap B) \cap C = A \cap (B \cap C), \quad (A \cup B) \cup C = A \cup (B \cup C)$$

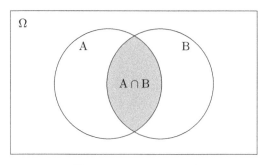

図 1.1　$A \cap B$ のベン図

のように演算の順序によらないから，有限個の集合 $A_1, A_2, \ldots, A_n$ に対し，$A_1 \cap A_2 \cap \cdots \cap A_n$, $A_1 \cup A_2 \cup \cdots \cup A_n$ のように，演算を施せる.

しかし，共通部分と和集合の概念はさらに広い範囲に拡張できる．その定義の前に，まず添え字づけされた集合 (族) の概念を用意する.

多くの元をすべて並べて書くのが面倒または不可能なとき，しばしば，元の「添え字」の範囲を「添え字集合」で表すことで集合を記述する．例えば，$\{x_1, x_2, x_3, x_4\}$ を添え字 i と添え字集合 $I = \{1, 2, 3, 4\}$ を用いて $\{x_i\}_{i \in I}$ と書く．このように表示したものを，添え字づけられた集合，パラメータづけられた集合などと言う.

ポイントは，この添え字集合 I が有限集合に限らず，どんな複雑な集合でもよいことである．例えば，$\{x_i\}_{i \in \mathbb{N}}$, $\{x_t\}_{t \in \mathbb{R}}$, $\{x_s\}_{s \in \{s \in \mathbb{R} : 0 \le s \le 1\}}$ などである．この最後の例の書き方は冗長なので，$\{x_s\}_{0 \le s \le 1}$ などと略記することが多い．さらに，添え字集合が明白な場合には $\{x_s\}$ などと略することもある．これによって，無限に多くの元を持つ集合を簡潔に表せ，また，添え字 (パラメータ) を用いてその 1 つ 1 つを指定できる.

もちろん，この記法は集合族の場合でも，つまり各元が集合であってもよい．この記法を用いて，集合族の共通部分と和集合を以下のように定義する.

定義 1.6　集合族の共通部分と和集合　添え字 s と添え字集合 I によって添え字づけられた集合族 $\{A_s\}_{s \in I}$ の共通部分を

$$\bigcap_{s \in I} A_s = \{x : \text{任意の } s \in I \text{ について } x \in A_s\}$$

で定義する．同様にその和集合を以下で定義する．

$$\bigcup_{s \in I} A_s = \{x : \text{ある } s \in I \text{ について } x \in A_s\}.$$

また，添え字集合 I が有限個，または自然数 $\mathbb{N}$ のときは，総和記号 $\sum$ に似た書き方として，以下のようにも書く．

$$\bigcap_{i=1}^{n} A_i, \quad \bigcap_{i=1}^{\infty} A_i, \quad \bigcup_{i=1}^{n} A_i, \quad \bigcup_{i=1}^{\infty} A_i.$$

さらに，集合族の和集合の特別な場合として，以下の概念も導入しておく[9]．

定義 1.7　集合の分割と直和　集合族 $\{A_s\}_{s \in I}$ の和集合 $A = \bigcup_{s \in I} A_s$ について，どの 2 元も共通部分を持たないとき，つまり，$s \neq t$ ならば $A_s \cap A_t = \emptyset$ であるとき，その和集合 A は $\{A_s\}$ らで分割されている，または逆に，A は $\{A_s\}$ らの直和である，と言う．これを記号で強調したいときは，以下のように "$\bigcup$" や "$\cup$" の代わりに "$\bigsqcup$" や "$\sqcup$" を用いる．

$$\bigsqcup_{s \in I} A_s, \quad \bigsqcup_{n=1}^{\infty} A_n, \quad A_1 \sqcup \cdots \sqcup A_n, \quad A_1 \sqcup A_2.$$

集合族の共通部分と和集合について，典型的な例を挙げておこう．

例 1.10　無限個の区間の共通部分と和集合　自然数 $n \in \mathbb{N}$ に対して，実数の区間 $A_n = [0, 1/n]$ を考える．これら全体の集合 $\{A_n\}_{n \in \mathbb{N}}$ は添え字 n と添え字集合 $\mathbb{N}$ で添え字づけられた集合族である．このとき，

$$\bigcap_{n \in \mathbb{N}} A_n = \bigcap_{n \in \mathbb{N}} [0, 1/n] = \{0\}$$

である．実際，すべての n について $0 \in [0, 1/n]$ であるし，0 以外の任意の実数 x は $1/x$ より大きい自然数 N に対し，$x \notin [0, 1/N]$ だから，0 のみが共通部分の元である．一方，これらの和集合は，

$$\bigcup_{n \in \mathbb{N}} A_n = \bigcup_{n \in \mathbb{N}} [0, 1/n] = [0, 1].$$

---

[9] この定義で導入する記号 $\sqcup$ はあまり一般的でないが，便利なので本書では用いることにした．

この一般化された共通部分と和集合についても，ド-モルガンの法則 (定理 1.2) が成り立つことが容易にわかる．

定理 1.3　ド-モルガンの法則 (集合族の場合)　添え字づけられた集合族 $\{A_s\}_{s \in I}$ (と全体集合) について，以下が常に成り立つ．

$$\left(\bigcap_{s \in I} A_s \right)^c = \bigcup_{s \in I} A_s^c, \quad \left(\bigcup_{s \in I} A_s \right)^c = \bigcap_{s \in I} A_s^c.$$

複雑な集合の演算に慣れるために，演習問題を 2 つ挙げておく．

演習問題 1.4

上の定理で集合が 3 つの場合，つまり，集合 A, B, C について

$$(A \cap B \cap C)^c = A^c \cup B^c \cup C^c, \quad (A \cup B \cup C)^c = A^c \cap B^c \cap C^c$$

が成り立つことを，ベン図を描いて確認せよ．

演習問題 1.5

以下の関係がそれぞれ成り立つことを証明せよ．

$$A \cap \left(\bigcup_{s \in I} B_s \right) = \bigcup_{s \in I} (A \cap B_s), \quad A \cup \left(\bigcap_{s \in I} B_s \right) = \bigcap_{s \in I} (A \cup B_s).$$

第 2 章

論理と集合

前章では集合を扱うにあたって，「または」，「かつ」，「任意の」，「ある」
など特有の言葉を用いていた．本章では，このような数学特有の言葉，つ
まり「論理」について反省し，集合との関係について基本事項を学ぶ．

2.1 命題

2.1.1 命題

数学における文章と日常のそれとの違いはなんだろうか．それは数学におけ
る各主張は真偽を持つこと，つまり，正しいか正しくないかのいずれか一方で
あること，そして，その主張を展開する方法が論理的であることだろう．

そこで，まず「命題」の素朴な定義から出発する．数学における主張のうち，
正しいか正しくないか，数学の用語では真か偽か，どちらか一方のみが成立す
るものを命題と言う．例えば，「100 より大きな自然数が存在する」，「57 は素
数である」，などは命題である．命題は真か偽のどちらか一方であることが確か
ならば，偽でもよいし，真偽が不明でもよい．

命題をいくつか組み合わせて新たな命題を作り出せるが，この組み合わせ方
が「合法的」でなければならない．前章まで我々は自然に，「〜でない」，「か
つ」，「または」，「〜ならば〜である」の言葉遣いを用いてきた．実際，数学
における「合法的な」命題の組み合わせ方はこの 4 つだけである．

それぞれに対して，以下のように記号を用意する．これらをまとめて命題結
合記号，または単に結合記号と言う．命題 P と Q に対して，

- $\neg P$　（「P でない」）
- $P \wedge Q$　（「P かつ Q」）
- $P \vee Q$　（「P または Q」）
- $P \Rightarrow Q$　（「P ならば Q」）

命題を結合記号で結びつけたものも命題であり，これは有限回繰り返せる．そして，基本的な命題からこのようにして得られるものだけが命題である．例えば，命題 P_1, P_2, P_3 に対し，$((\neg P_1) \wedge P_2) \vee (P_3 \Rightarrow (P_1 \vee P_2))$ は，また命題である．このように実際に複雑な命題を表現するときには，結合記号の適用順序を表すために括弧の記号 "("，")" が別に必要になるが，これは記法上の問題であって本質的でない．

なお，命題「P ならば Q であり，かつ，Q ならば P」，つまり，$(P \Rightarrow Q) \wedge (Q \Rightarrow P)$ はよく用いるので，これを $P \Leftrightarrow Q$ と略記する．また，$P \Rightarrow Q$ のとき，P は Q の十分条件，Q は P の必要条件と言い，$P \Leftrightarrow Q$ のときは互いに必要十分条件と言う．

以上の操作の意味を明確にするため，命題 P, Q がそれぞれ真，偽であるとき，命題 $\neg P, P \wedge Q, P \vee Q, P \Rightarrow Q$ らの真偽がどうなるか，表にしておく．これを真理値表と言う．

命題 P	命題 Q	$\neg P$	$P \wedge Q$	$P \vee Q$	$P \Rightarrow Q$	$P \Leftrightarrow Q$
○	○	×	○	○	○	○
○	×	×	×	○	×	×
×	○	○	×	○	○	×
×	×	○	×	×	○	○

表 2.1 真理値表 (真: ○; 偽：×)

ここで，既に注意した「または」の日常的言葉使いとの違い (注意 1.3) の他，「⇒ (ならば)」の真偽に注意せよ．おそらく，P が偽であるときの「$P \Rightarrow Q$」の真偽は，日常の言葉使いと一致しないと感じる読者もいるだろう．

演習問題 2.1

「$P \Rightarrow Q$」は，P, Q に $\neg, \wedge, \vee$ をほどこして作れる．真理値表 2.1 を見て考えよ (答は次項 2.1.2)．(よって論理的には不用だが，ある方が自然であるし便利なので，通常は基本的な命題結合記号の仲間に入れる)

2.1.2　恒真命題と同値な命題

基本的な命題を結合して作られた命題のうち，以下の「恒真命題」が特別な

役割を果たす.

定義 2.1　恒真命題　有限個の命題 $P_1, \ldots, P_n$ と命題結合記号によって作られた命題 P を $P(P_1, \ldots, P_n)$ のように書く. 命題 $P(P_1, \ldots, P_n)$ が, 各 $P_1, \ldots, P_n$ の真偽によらず常に真であるとき, 恒真命題である, またはトートロジーである, と言う.

まず, 以下がもっとも明らかな例だろう.

例 2.1　　命題 P に対し, $P \Rightarrow P$ という命題は恒真命題である. 実際, 真理値表 2.1 での命題 P, Q を両方とも同じ命題 P だとすれば, P 自身が真であっても偽であっても, $P \Rightarrow P$ は真であることが確認できる. また, これから, $P \Leftrightarrow P$ も恒真命題.

次の例は, 命題は真か偽のどちらかであることから, 当然, 成り立つ. これも正確には真理値表から確認できる.

例 2.2　排中律　命題 P に対し, 命題 $P \vee (\neg P)$ は恒真命題. つまり, どんな命題 P についてもその真偽に関らず, P 自身またはその否定 $\neg P$ は真である. この恒真命題を排中律と言う.

恒真命題のうち特に, 2 つの命題が "$\Leftrightarrow$" で結ばれた形をしているものは, それらの真偽が常に一致するため重要である. そこで以下の概念を用意する.

定義 2.2　同値な命題　有限個の命題 $P_1, \ldots, P_n$ と命題結合記号から作られた 2 つの命題 $P(P_1, \ldots, P_n)$ と $Q(P_1, \ldots, P_n)$ について, 命題 $P(P_1, \ldots, P_n) \Leftrightarrow Q(P_1, \ldots, P_n)$ が恒真命題であるとき, この 2 つの命題は同値であると言い, 記号で $P(P_1, \ldots, P_n) \equiv Q(P_1, \ldots, P_n)$ と書く.

記号 "$\Leftrightarrow$" と "$\equiv$" の差に注意せよ. ただし, これを逐一区別することは面倒なので, $P \Leftrightarrow Q$ も同値と言うことが多い. これより, 命題 P, Q が同値ならば, P の代わりに Q の真偽を調べてもよい. 頻繁に用いられる同値な命題を

挙げておこう. どれも両辺の真偽を真理値表で確認すればすぐにわかる.

例 2.3　二重否定　どんな命題 P の真偽も命題 $\neg(\neg P)$ と真偽が等しい. つまり, $P \equiv \neg(\neg P)$.

このことは, いわゆる「背理法」の基礎になる考え方であるが, さらに次の対偶も証明のテクニックとしてしばしば使われる[1].

例 2.4　対偶　どんな 2 つの命題 P, Q についても, 命題 $P \Rightarrow Q$ と命題 $(\neg Q) \Rightarrow (\neg P)$ の真偽は等しい. つまり, $P \Rightarrow Q \equiv (\neg Q) \Rightarrow (\neg P)$. この右辺を左辺の対偶命題, もしくは単に対偶と言う.

演習問題 2.2　逆と裏

命題 $P \Rightarrow Q$ に対して, 命題 $Q \Rightarrow P$ をもとの命題の逆, 命題 $(\neg P) \Rightarrow (\neg Q)$ を裏と言う. 逆の裏と裏の逆が対偶であること, また, 逆と裏はもとの命題と同値ではないことを確認せよ.

例 2.5　命題論理のド-モルガンの法則　2 つの命題 P, Q について以下の 2 つの同値が成り立つ.

$$\neg(P \wedge Q) \equiv (\neg P) \vee (\neg Q), \quad \neg(P \vee Q) \equiv (\neg P) \wedge (\neg Q).$$

最後の例は前項の演習問題 2.1 の答である.

例 2.6　2 つの命題 P, Q について以下の同値が成り立つ.

$$P \Rightarrow Q \equiv (\neg P) \vee Q.$$

---

[1] 厳密に言えば, 証明はどのように命題から他の命題が導かれるか, という推論規則を含む公理系の問題であって, 単なる同値命題ではない. 詳しくは田中・他 [6] など.

2.2 全称命題と存在命題

2.2.1 集合と命題関数

　前項で見たように，命題の真偽は基本的な命題の真偽と真理値表から調べられる．これを命題論理の問題と言うが，実質的に，2 つだけの値 (真/偽，T/F，0/1，他なんでもよい) をとる変数と命題結合記号の演算に過ぎない．

　命題論理は初学者が想像する以上に強力だが，数学における主張を記述するには十分ではない．例えば，「性質 X を持つような自然数が無限にある」は自然な数学的主張だが，基本的な命題の有限個の結合で表現できない．

　そこで，集合の表し方について見直すことから始めよう．ある集合 Ω に対して $x \in \Omega$ を含む主張 $P(x)$ が，各 x に対して命題であるとき，(Ω 上の)「条件」と呼ぼう．すると，条件 $P(x)$ が真であるような $x \in \Omega$ の集まりで Ω の部分集合 P が定義できる [2]．これを $P = \{x \in \Omega : P(x)\}$ のように書く．

　この記法によって，集合に関する演算と命題の結合が以下のように完全に対応している．それぞれ条件 $P(x), Q(x)$ で定まる集合 $P = \{x \in \Omega : P(x)\}$ と $Q = \{x \in \Omega : Q(x)\}$ について，

$$P \cap Q = \{x \in \Omega : P(x) \wedge Q(x)\}, \quad P \cup Q = \{x \in \Omega : P(x) \vee Q(x)\},$$
$$P^c = \{x \in \Omega : \neg P(x)\}.$$

また，$P \subset Q$ とは $P(x) \Rightarrow Q(x)$ のことであるし，集合演算のド-モルガンの法則 (定理 1.2) と命題論理のド-モルガンの法則 (例 2.5) は，集合上の条件を通じて同じことだったわけである．

2.2.2 全称命題と存在命題

　しかし，集合族のド-モルガンの法則 (定理 1.3) はどうだろうか．例えば，添え字集合が自然数全体 $\mathbb{N}$ ならば，「任意の $n \in \mathbb{N}$ について」と「ある $n \in \mathbb{N}$ について」が記号で書けなくてならないが，これは命題論理では表せない．

　そのため，「変数」x を含む主張 $Z(x)$ に対し，「任意の x について $Z(x)$ が真である」という主張を導入し，記号で $\forall x, Z(x)$ と書く．また，「ある x について $Z(x)$ が真である」という主張を導入し，記号で $\exists x, Z(x)$ と書く．

　これらの主張と記号の意味はやや曖昧なので，ある集合の元に対する主張，すなわち集合上の条件に対し，以下のように定義する．

---

[2] 厳密には，これが可能であることが集合の定義 (公理) で保証される．第 2.3.2 項．

定義 2.3　全称命題と存在命題　集合 Ω 上の条件 $P(x)$ に対し,「任意の $x \in \Omega$ について $P(x)$ は真」という主張を全称命題と言い, 記号で「$\forall x \in \Omega, P(x)$」と書く. この記号 $\forall$ を全称記号と呼ぶ. また,「$P(x)$ が真であるような $x \in \Omega$ が存在する」という主張を存在命題と言い, 記号で「$\exists x \in \Omega, P(x)$」と書く. この記号 $\exists$ を存在記号と呼ぶ.

　集合 Ω が文脈から明らかなときには,「$\forall x, P(x)$」や「$\exists x, P(x)$」と省略して書くこともある. また, "s.t." を書き入れて「$\exists x \in \Omega$ s.t. $P(x)$」のように, わかりやすくすることもある [3].

注意 2.1　一意に存在　存在記号 $\exists$ は, 条件を満たすものが少なくとも 1 つは存在する, という意味であり, それが具体的に何かや, 満たすものがいくつあるかは問わない. しかし, 条件を満たすものがたった 1 つだけある, という主張をしたい場合もある. このとき,「存在が一意である」または,「一意的に存在する」と言う. 一意的な存在は存在命題に条件を追加することで表せるが, 記号として $\exists 1$ と $\exists!$ がよく用いられている.

　全称命題と存在命題の否定について考えよう. 全称命題とは A:「すべての x について $P(x)$ は真である」という主張だから, この否定は, $\neg A$:「ある x が存在して $P(x)$ は真でない」である. これを記号で書けば,

$$\neg(\forall x \in \Omega, P(x)) \equiv \exists x \in \Omega, \neg P(x).$$

また, 存在命題とは E:「少なくとも 1 つの x があって $P(x)$ が真である」という主張だから, この否定は, $\neg E$:「どんな x についても $P(x)$ は真でない」である. これを記号で書けば,

$$\neg(\exists x \in \Omega, P(x)) \equiv \forall x \in \Omega, \neg P(x).$$

　これらからわかることとして, 第一に, 全称記号 $\forall$ と存在記号 $\exists$ は一方から他方を否定 $\neg$ を用いて作れる (よって論理的には一方は不用). そして第二に, この関係は命題論理のド・モルガンの法則 (例 2.5) の一般化に他ならない.

---

[3] "such that" (〜であるような) の略. なお, $\forall$ は "All" (すべての) の頭文字 "A", $\exists$ は "Exist" (存在する) の頭文字 "E" を回転させたもの.

また，集合族のド-モルガンの法則 (定理 1.3) にも対応している.

実際，全称記号と存在記号を用いて書けば，集合族 $\{A_s\}_{s\in I}$ について，

$$\left(\bigcap_{s\in I} A_s\right)^c = (\{x : \forall s \in I,\, x \in A_s\})^c = (\{x : \neg(\forall s \in I,\, x \in A_s)\})$$

$$= (\{x : \exists s \in I,\, x \in A_s^c)\}) = \bigcup_{s\in I} A_s^c.$$

もう一方の $(\bigcup A_s)^c$ の関係についても同様.

2.2.3　全称命題と存在命題の例

全称命題と存在命題の 2 つの概念を自由自在に操れるようになることが，数学の言葉に習熟する必須条件である. そのため，自然数全体 $\mathbb{N}$ 上の条件を例に詳しく解説しておく.

まず，「$\forall n \in \mathbb{N},\, P(n)$」とは，どんな自然数 n についても $P(n)$ が真である，という全称命題である. 一方で，「$\exists n \in \mathbb{N},\, P(n)$」とは，$P(n)$ を満たすような自然数 n が少なくとも 1 つは存在する，という存在命題である. この 2 つを組み合わせることで，以下のように自然数に関するさまざまな主張が表せる.

例 2.7　いくらでも大きい　「性質 $P(n)$ を満たす，いくらでも大きな自然数 n が存在する」という形の主張をしたいことがある. 例えば，「いくらでも大きな素数がある」など.

しかし，「いくらでも大きい」は (数学的な慣用表現ではあるが) 厳密な言葉遣いではない. これを正確に述べるには，「どんな自然数 N に対しても，それより大きい n が存在して，条件 $P(n)$ を満たす」と言い表す. すなわち，記号で書けば，

$$\forall N \in \mathbb{N},\, \exists n \in \mathbb{N}, \quad \text{s.t.} \quad (n > N) \wedge P(n).$$

例 2.8　十分大きい　「十分に大きい自然数 n について条件 $P(n)$ が成り立つ」という形の主張をしたいことがある. 例えば，「十分に大きい自然数 n について $100n < n^2$ が成り立つ」など. この意味は，具体的にどこからかはわからない (もしくは主張しない) が，そこから先の自然数については常に成立している，ということである.

しかし,「十分に大きい」は (数学的な慣用表現ではあるが) 厳密な言葉遣いではない. これを正確に述べるには,「ある自然数 N に対して, それより大きいどんな n についても, 条件 $P(n)$ を満たす」と言い表す. すなわち, 記号で書けば,

$$\exists N \in \mathbb{N}, \forall n \in \mathbb{N}, \quad \text{s.t.} \quad (n > N) \wedge P(n).$$

例 2.9　単位元の存在　ある特別な自然数 e が存在して, どんな自然数 n に対してもそれとの積 ne が n 自身になる (もちろん, これは $e = 1$ のことである). 記号で書けば,

$$\exists e \in \mathbb{N}, \forall n \in \mathbb{N}, ne = n.$$

例 2.10　逆元の存在　どんな自然数 n に対しても, それとの積が 1 になるような有理数 p が存在する (実際, $p = 1/n$). 記号で書けば,

$$\forall n \in \mathbb{N}, \exists p \in \mathbb{Q}, np = 1.$$

以上の例 2.7 と 2.8, 例 2.9 と 2.10 をよく比較検討してみよ. これらの例のように, 全称/存在記号は指定する変数やその順序で命題の意味が変わるので, 注意が必要である. 実際, 専門家でも文章で書くときにはしばしば, 異なる意味にとられかねない書き方をしてしまうものである.

2.3　集合の公理, 選択公理, その他

これまでは楽観的かつ素朴に扱ってきた集合や論理について, 以下の短い各項でやや厳密な立場からコメントを加えておく.

2.3.1　命題論理と述語論理

前節までの本章の解説では, 命題とは「真か偽かのどちらか一方である数学的主張」であり, また, さらに命題結合記号で命題を組み合わせたものだとしたが, これはかなり曖昧な「定義」である.

　より厳密な立場では，その内容や意味を問わず，真か偽の一方の値を取ることだけを要求した「原子命題」の概念を用意する[4]．そして原子命題を論理結合記号で有限個結びつけたものが命題である．

　この命題の性質を研究することを「命題論理」の問題と言うのだった．原子命題の真偽は自由にとれるが，それによって命題の真偽が変わらないものが恒真命題である．この恒真命題たちの全体がどのような構造を持つか調べることが命題論理の問題の主題である．

　そのために，命題たちからどのような命題が導かれるかという法則を，公理として与える．そして，この公理に基いて命題たちの連鎖から得られるものが「定理」であり，この途中経過の連鎖が「証明」である．

　命題論理の世界には，全称記号 ($\forall$) と存在記号 ($\exists$) は現れない (この 2 つの記号を量化記号と言う)．本書のような初等的な本では，命題論理に量化記号を追加して全称命題，存在命題まで扱えるようにしたものが「述語論理」である，と解説することが多い．これも曖昧な表現である．

　命題論理と述語論理の違いの要点は，量化記号は「変数」x を持つ「関数」$\varphi(x)$ に作用してそれが真である範囲 (量) を示すのだから，譬喩的に言えば主語と述語を持つような，より詳細な主張を扱えることにある．これによって数学のいかなる主張をも表すことができる．

　具体的には，数学を記述する「言語」を使用可能な記号セットとルールで決め，その言語で構造を記述し，操作するための公理を準備し，というように，順に数学の基礎を組み上げていく．これはかなり面倒である上に，数学自身を数学の対象とする立場もあいまって，初学者を混乱させることになる．よって，本書では全称/存在命題を導入するにあたって，述語論理を正しく展開するのではなく，(数学的な慣用表現ではあるが) 厳密でない文章で，その範囲を定める集合がある場合についてだけ定義したのである (定義 2.3)．

　そのおかげで本書では，「任意の x」や「ある x」と書いたときに x のとりうる範囲が集合でない場合は概念の濫用なのだが，入門のレベルでは大きな問題は生じないだろう[5]．

---

[4] 厳密には，数学的な「意味」をいかに与えるかは別の問題である．このような数学の基礎としての数理論理学に興味のある読者は田中・他 [6] などを参照のこと．

[5] この「とりうる範囲」のことを「言及範囲」，「議論領域」，「宇宙」などと言う．また，集合でない「集まり」のことを「真のクラス」と言う．真のクラスのもっとも重要な例がすべての集合の集まりである．注意 8.1 も参照．

2.3.2 集合の公理

前項のように，数学における合法的な記述と論理を記号で用意する他，集合とは何かを厳密に定義することで，数学に確固たる基盤が与えられる．第 0.1.2 項で，「自分自身を含まない集合の集合」を考えると矛盾が生じることを見たが，集合の公理はこのような矛盾が生じないよう，しかも数学を展開するのに十分に強力であるよう，注意深く構成されている．

このような集合の公理的定義として標準的に採用されているのは，ツェルメロとフレンケルの公理系，いわゆる ZF 公理系である．本書ではこの公理をすべて書き並べはしないが，その様子を伝えるため，また，論理記号による記述に慣れるため，そのいくつかを紹介しておく．どの公理も記号 "∈" に関する主張であることに注意せよ．集合の公理とはこの記号に関する公理なのである．

公理 2.3.1 (外延性)

$$\forall A, \forall B, (\forall x(x \in A \Leftrightarrow x \in B) \Rightarrow A = B).$$

この公理の意味は，「集合が等しい」ことの厳密な定義である．

公理 2.3.2 (空集合の存在)

$$\exists A, \forall x, x \notin A.$$

この公理の意味は，「どんな元 (x) も含まないような，集合 (A) が存在する」，つまり，空集合 $\emptyset$ の存在である (これは上の「外延性公理」より，ただ 1 つしかないことが保証される)．そのこころは，すべての集合を生み出す出発点としての空集合の定義である．

実はこの公理は ZF 公理系の他の公理から導けるので，論理的には不用なのだが，意味が明快なことと便利さから，通常は公理に加える．

公理 2.3.3 (対の存在)

$$\forall x, \forall y, \exists A, \forall t, t \in A \Leftrightarrow ((t = x) \vee (t = y)).$$

この公理の意味は，「どんな 2 つのものに対しても，その 2 つだけを元に持つ集合がある」，つまり，対の存在である．これも同じく外延性公理より，一意な存在が保証されるから，$\{x, y\}$ という記号で書くことが許される．

この対は x, y の順序を持たないが，順序を持つ対は $(x, y) = \{x, \{x, y\}\}$ と

定義することで作れる.

公理 2.3.4 (分出公理)

$\forall A, \exists B, (\forall x, x \in B \Leftrightarrow (x \in A \land \varphi(x)))$.

この公理 [6)] の意味は，「ある集合の元のうち，条件 $\varphi(x)$ を満たすものの集まりも集合である」であり，外延性公理よりこのような集合は 1 つしかないから，記号で書けば $\{x \in A : \varphi(x)\}$ のことである.

この分出公理は，のちにより強力な「置換公理」が追加されたため，通常の ZF 公理系には含めないことが多いが，条件で集合を作り出したい，というこころを伝えるため，挙げておいた.

上の公理たちは，「外延性」を除いて，合法的な集合の作り方を意味しているが，他に「和集合」，「冪集合」なども，その作り方が公理として用意される. このように公理で保証された方法で生成されるもののみが集合である.

2.3.3 選択公理

前項で集合の ZF 公理系を見たが，通常の数学にはこれだけでは「弱い」ため，以下の「選択公理」を追加する. ほとんどの数学者にとって数学の公理系とは，「ZF 公理系プラス選択公理」のことであり，これを ZFC 公理系と言う.

以下がその選択公理である. 正確にはこの公理も論理の記号だけを用いて書くべきだが，わかりやすさを優先して，通常の (数学的) 文章で書く. これも合法的な集合の作り方の公理であることに注意せよ.

公理 2.3.5 (選択公理) (空集合でない) 集合の (空集合でない) 集合族 $\{A_\lambda\}_{\lambda \in \Lambda}$ に対し，各集合から 1 つずつその元 $a \in A_\lambda$ を選んだものの集合が存在する.

この公理は，各集合から代表となる元を何か選べることを要請しているに過ぎない. おそらくほとんどの読者には，この公理は当然成り立つべきであり，仮定してもまったく無害に思えるだろう. 実際，この公理がないと，通常の数学で期待される多くのことが導けない.

しかし一方で，この性質は集合の他の公理ほど自明ではない. また，選択公理から直観に反する結論が多々，導かれることも知られている. その有名な例

[6)] この公理の論理式の書き方は省略形で，厳密には自由変項を書き加えるべきだが，ここではわかりやすさを優先した. また，この公理は論理式 $\varphi()$ を含んでいるため，実際は無限に多くの公理を表していることから，厳密には「公理図式」や「公理型」と呼ぶ.

は「バナッハ-タルスキのパラドクス」と呼ばれる定理で，3 次元の球を有限個の部分に分割し，この各部分を組み替えることで元の球と同じ半径の球を 2 つ作れることを主張する．この「各部分」は選択公理によって構成され，この定理は ZFC 公理系において正しい (よってパラドクスではない)．

　選択公理については，それ自身の性質や類似の公理がさまざまに研究されている．また数学の各分野の問題と深いつながりがあることもわかってきているので，必ずしも数学基礎論や数理論理学の分野にだけ限った問題ではない．

　しかし初学者においては，通常の数学では明に暗に選択公理が用いられること [7]，および，「無限」を適切に扱う仕組みである集合の公理のぎりぎりのところに選択公理がある，という認識があれば，しばらくは十分だろう．

---

[7] 斎藤 [7] では選択公理を用いて証明する命題や証明に，逐一，"*AC*" という記号をつけて明示しているので，選択公理が気になる読者に薦めておく．ただし，「集合と位相」の入門書とは言え，本書よりはるかに程度が高い．

第 **3** 章

写像

　この章では写像の定義をし，その基本的な性質を調べる．特に重要な
のは，全射，単射，全単射の概念である．また，圏論の考え方への手がか
りとして，写像の合成と恒等写像の代数的な構造に着目する．

3.1　写像

3.1.1　写像の定義

　写像も集合から厳密に定義できるが，集合について素朴な「定義」を採用し
たように，以下のように定義する．

> **定義 3.1　写像，定義域，終域**　2 つの集合 A と B に対して，A の各
> 元 $a \in A$ ごとに，B の元 1 つずつへの対応 φ が決まっているとき，この
> φ を定義域 A から終域[1] B への写像 (または単に A から B への写像)
> と言い，記号で $\varphi : A \to B$ と書く．

以下の定義は，像による元の対応に注目するとき用いる．

> **定義 3.2　写像と値**　定義域 A から終域 B への写像 φ によって $a \in A$
> が $b \in B$ に対応づけられるとき，φ によって a は b に写される，または
> b は φ による a の値である，と言い，$\varphi : a \mapsto b$ や，$\varphi(a) = b$ などと書
> く．また，より詳しく，$\varphi : A \ni a \mapsto b \in B$ などと書くこともある．

　写像は簡単な概念ではあるが，初学者にとっては誤解なく理解するのがなか

---

[1] これを「値域」と呼ぶことが多いが，のちに定義する「像」のことを「値域」と呼ぶ流儀もあ
るので，混乱を避けるため本書では，「値域」の語を一切用いない．

なか難しい. 特に注意すべき点は,

- 定義域のすべての元について対応が決まっていなければならないこと,
- しかし, 終域のすべての元について対応が決まっていなくてもよいこと,
- 定義域の各元にただ 1 つずつ終域の元が対応すること,
- しかし, 定義域の複数の元に終域の同じ 1 つの元が対応してもよいこと,

である. このことは, 以下で導入する特別な写像の性質,「全射」と「単射」で重要なポイントになる.

例 3.1　　定義域 $A = \{1, 2, 3\}$ から終域 $B = \{4, 5, 6, 7\}$ への写像 $\varphi : A \to B$ を, $\varphi : 1 \mapsto 5,\ 2 \mapsto 5,\ 3 \mapsto 6$ によって定義する. 別の書き方をすれば, $\varphi(1) = 5,\ \varphi(2) = 5,\ \varphi(3) = 6$. (例の上に挙げた注意すべき 4 つの点を確認せよ. 自分なりの図を描いてみるとよい)

例 3.2　　自然数全体の集合 $\mathbb{N}$ からそれ自身への写像 $\psi : \mathbb{N} \to \mathbb{N}$ を, 各 $n \in \mathbb{N}$ に対して $\psi(n) = 2n$ で定める. このように定義域と終域は同じ集合でもよい.

例 3.3　数列, 点列　一般に, 自然数全体 $\mathbb{N}$ から数の集合 A への写像 $a : n \mapsto a(n)$ は, $a(1), a(2), a(3), \ldots$ を定めていると思えば, 数列 $\{a(n)\}_{n \in \mathbb{N}}$ に他ならない. また, A に「空間」の意味があって各元をその「点」とみなせるときには, 点列とも思える.

例 3.4　関数　実数全体の集合 $\mathbb{R}$ やその区間から, $\mathbb{R}$ への写像 $f : x \mapsto f(x)$ は, 特に「関数」と呼ぶことが多い.

以下の例は抽象的であるが, それぞれ重要である.

例 3.5　恒等写像，定値写像　集合 A から自分自身への写像 $I : A \to A$ で，任意の $a \in A$ について $I(a) = a$ と定めたものを恒等写像と言う．つまり，恒等写像とはどの元もその元自身へ写す写像である．

　写像 $\kappa : A \to B$ で，固定したある $b \in B$ に対し，任意の $a \in A$ について $\kappa(a) = b$ と定めたものを定値写像と言う．つまり，定値写像とはどの元も 1 つの決まった元に写す写像である (数の集合が終域の場合には定数関数などとも言う)．

写像の定義を確認する意味もこめて，以下の注意を与えておく．

注意 3.1　空集合と写像　空集合 $\emptyset$ を定義域や値域とすることは可能だろうか? 定義によれば，写像とは定義域の各元に対する終域の元への対応だが，そもそも定義域が元を持たないのなら，この要請は自動的に満たされている．よって，$\emptyset$ を定義域とする写像は存在し，それは「(することがないので) 何もしない」という特別な写像である．

　一方，($\emptyset$ でない定義域に対し) $\emptyset$ を値域にすることはできない．なぜなら，定義域の各元からの対応を決める相手がいないからである．ただし，定義域も $\emptyset$ ならば，この写像，つまり $\varphi : \emptyset \to \emptyset$ は存在し，それはやはり「何もしない」という写像である．

3.2　全射と単射

3.2.1　全射と単射

　定義域の元を写像で写した行き先のみならず，定義域の部分集合の行き先を考えたい場合がある．

定義 3.3　像　写像 $\varphi : A \to B$ に対し，定義域の部分集合 $X \subset A$ の元の φ による値の集合を X の像と呼び，$\varphi(X)$ と書く．つまり，

$$\varphi(X) = \{\varphi(a) : a \in X\} \subset B.$$

また，特に定義域全体の像 $\varphi(A)$ のことを，単に φ の像と言う [2]．

写像の中でも，以下のようなさらに良い性質を持つものが重要である．

定義 3.4　全射，単射，全単射　写像 $\varphi : A \to B$ について，

- 像 $\varphi(A)$ が B と等しいとき，φ は全射であると言う．
- 任意の $a, a' \in A$ について $a \neq a'$ ならば $\varphi(a) \neq \varphi(a')$ が成り立つとき，φ は単射であると言う．
- φ が全射であり，かつ単射でもあるとき，φ は全単射であると言う．

全単射は 2 つの集合の間に特別な対応を定めていることが大事である．

注意 3.2　1 対 1 対応　全単射については，定義域の各元と終域の各元が，あますところなく対になるように対応している．よって，A から B への全単射があれば，その逆向きの B から A への全単射がある．これから，A と B との「間の」全単射とも言う．また，この事情を「1 対 1 対応」と呼び，全単射のことを「1 対 1 写像」とも言う [3]．

全射，単射，全単射は写像の性質の大枠を決める重要な概念である．

演習問題 3.1　有限集合の間の写像

　例 3.1 で与えた，定義域 $A = \{1, 2, 3\}$ から終域 $B = \{4, 5, 6, 7\}$ への写像 $\varphi : A \to B$ は，全射でも，単射でもないことを確認せよ．

　この A から B への写像で，全射であるようなものがあるか．また，単射であるようなものがあるか．あれば例を挙げ，なければ理由を納得せよ．また，逆に B を定義域，A を終域とすればどうか．

上の問題をよく観察すれば，以下の一般的性質が成り立つこともすぐわかる．

---

[2] この像 $\varphi(A)$ を「値域」と呼ぶ言い方も広く用いられているが，終域のことを値域と呼ぶことも多い．本書ではこの混乱を避けるため，値域の語を用いない．定義 3.1 脚注 1) も参照．

[3] 単射のことを「1 対 1 写像」と言う流儀もあるが，本書では全単射に限って用いる．なお，全射のことを「上への写像」と言う呼び方も広く用いられている．

演習問題 3.2　有限集合の間の写像

m 個の元を持つ定義域 $\{1, 2, \ldots, m\}$ から n 個の元を持つ終域 $\{1, 2, \ldots, n\}$ への写像 φ に対し，以下を確認せよ (できれば証明せよ).

1. もし φ が全射ならば $m \geq n$ ($m < n$ ならば全射はありえない).
2. もし φ が単射ならば $m \leq n$ ($m > n$ ならば単射はありえない).
3. もし φ が全単射ならば，$m = n$.

もちろん，有限集合の場合以外にも，全射，単射，全単射は考えられる.

例 3.6　　自然数全体 $\mathbb{N}$ からそれ自身への写像 $\varphi_1 : \mathbb{N} \to \mathbb{N}$ を，各 $n \in \mathbb{N}$ に対し $\varphi_1(n) = 2n$ で定義する. この φ_1 は全射ではない. なぜなら，$1 \in \mathbb{N}$ に写されるような $n \in \mathbb{N}$ は存在しないので，$\varphi(\mathbb{N}) \neq \mathbb{N}$. しかし，これは単射である. 実際，$n \neq n'$ ならば $2n \neq 2n'$.

一方，これと同じく自然数を 2 倍する対応でも，自然数全体 $\mathbb{N}$ から偶数の自然数全体 (これを $2\mathbb{N}$ と書く) への写像 $\varphi_2 : \mathbb{N} \ni n \mapsto 2n \in 2\mathbb{N}$ は全単射である.

また，$\psi : \mathbb{N} \to \mathbb{N}$ を，n が奇数のときは $\psi(n) = n$, n が偶数のときは $\psi(n) = n/2$ で定めると，これは全射. 実際，どんな $m \in \mathbb{N}$ についても，$n = 2m \in \mathbb{N}$ とすれば $\psi(n) = m$. しかし，ψ は単射ではない. なぜなら，$\psi(1) = \psi(2) = 1$ のように，異なる元で同じ元に写るものがある.

例 3.7　　実数の区間 $[-1, 1]$ から $[0, 1]$ への写像 φ を，任意の $x \in [-1, 1]$ に対し $\varphi(x) = x^2$ で定義すると，これは全射. 実際，任意の $y \in [0, 1]$ に対し，$\varphi(x) = x^2 = y$ となる $x = \sqrt{y} \in [-1, 1]$ が存在するから，$[-1, 1]$ の像は $[0, 1]$ に等しい.

しかし，φ は単射ではない. $\varphi(-1) = \varphi(1) = 1$ なので，異なる元 $-1, 1 \in [-1, 1]$ が同じ元 $1 \in [0, 1]$ に写される.

3.2.2　逆写像

定義域 A から終域 B への写像に対して，その逆向きの対応，つまり B か

ら A への対応を考えたいことがある．それが以下の逆写像の概念である．

逆写像は全単射に対してしか定義できない．なぜなら，逆向きの対応が写像になるには，A の元から写されないような B の元があってはならないし，また，A の異なる 2 つ以上の元が B の同じ元に写ってはならないからである．

定義 3.5　逆写像と逆像　写像 $\varphi : A \to B$ が全単射のとき，各 $b \in B$ に対して $\varphi(a) = b$ となる $a \in A$ がただ 1 つ定まるから，この対応も写像 (全単射) である．これを φ の逆写像と言い φ^{-1} と書く．つまり，

$$\varphi^{-1} : B \to A, \quad \varphi^{-1} : \varphi(a) = b \mapsto a = \varphi^{-1}(b).$$

また，(全単射とは限らない) 写像 $\varphi : A \to B$ と終域の部分集合 $X \subset B$ に対し，X の元に写されるような定義域の元 $a \in A$ 全体の集合を，φ による X の逆像と言い，$\varphi^{-1}(X)$ と書く．つまり，

$$\varphi^{-1}(X) = \{a \in A : \varphi(a) \in X\} \subset A.$$

上の定義で，逆像については全単射でなくても考えられることに注意せよ[4]．

例 3.8　　例 3.1 で与えた，定義域 $A = \{1,2,3\}$ から終域 $B = \{4,5,6,7\}$ への写像 $\varphi : A \to B$ は，全射でも単射でもなかったから (問題 3.1)，逆写像は存在しない．

しかし，どんな部分集合 $X \subset B$ についても，その逆像 $\varphi(X)$ は存在する．例えば，$X_1 = \{4,5\}$ のとき，A の元で 4 に写されるものはないが，$\varphi(1) = \varphi(2) = 5$ だから，$\varphi^{-1}(\{4,5\}) = \{1,2\}$．

また，$X_2 = \{4,7\}$ のとき，4 か 7 に写される A の元はないが，逆像の定義には問題なく，$\varphi^{-1}(\{4,7\}) = \emptyset$．

なお，極端な場合として，空集合 $\emptyset \subset B$ の逆像は，自明に $\varphi^{-1}(\emptyset) = \emptyset$ であり，また，終域全体 B の逆像は，明らかに定義域全体 $\varphi^{-1}(B) = A$ である．このことが一般に成り立つこともすぐわかる．

写像に関するこの節の最後に，写像同士が等しいとはどういうことか，正確

---

[4] この理由などから，(写像と像の場合と異なって) φ の逆写像と逆像に同じ記号 φ^{-1} を用いるのは好ましくないのだが，慣例に従っておく．

に定義しておく．この概念は，ある性質を満たす写像が一意である (1 つしか
ない)，などという主張をするために必要である．

定義 3.6　等しい写像　2 つの写像 φ と φ' が等しい，または一致すると
は，定義域同士，終域同士が等しく，定義域の任意の元 a について値が等
しい，つまり $\varphi(a) = \varphi'(a)$ であること．このとき，$\varphi = \varphi'$ と書く．

3.3　写像の代数 ― 圏の考え方へのイントロ

3.3.1　写像の代数

写像に対するもっとも重要な操作が以下の「合成」である．

定義 3.7　写像の合成　集合 A, B, C と写像 $f : A \to B, g : B \to C$ に
対し，対応 $A \ni a \mapsto g(f(a)) \in C$ によって定めた，定義域 A から終域 C
への写像のことを，f と g の合成写像と言い，記号で $g \circ f$ と書く．

つまり，f, g の合成写像とは，f で写した元をさらに g で写す，というよう
に写像を続けて行う写像である．この合成写像を $g \circ f$ と逆順に書くことに注
意せよ．これは，$g(f(a))$ という関数の書き方にあわせたのである．

以降，色々な集合の間の複数の写像を考えるので，それらの関係を一目で見
てとるために，写像 $f : A \to B$ を，

$$A \xrightarrow{\ f\ } B$$

のように図で描くことにする．これを写像の「図式」と呼ぶ．合成写像を図式
で描くと以下のようになる．

$$A \underset{g \circ f}{\overset{f}{\rightrightarrows}} B \xrightarrow{\ g\ } C$$

抽象的な写像の中で特に重要な写像は，恒等写像である (例 3.5)．恒等写像
$I_A : A \to A, a \mapsto I_A(a) = a$ を図式では以下のように描く．左右どちらの描
き方にもそれぞれ利点があるので，適宜使い分ける．

$$A \xrightarrow{\ I_A\ } A \quad \text{または} \quad A \circlearrowright I_A$$

恒等写像はどんな集合の上にも定義でき，また，写像の合成において特別な働きをする．実際，どんな集合 A と B についても，A 上の恒等写像 I_A と B 上の恒等写像 I_B が考えられ，どんな写像 $f : A \to B$ と $g : B \to A$ に対しても以下の関係が成り立つ．

$$f \circ I_A = f, \quad I_B \circ f = f; \quad I_A \circ g = g, \quad g \circ I_B = g.$$

$$I_A \circlearrowleft A \underset{g}{\overset{f}{\rightleftarrows}} B \circlearrowright I_B$$

逆に言えば，A 上の恒等写像 $I_A : A \to A$ とは，どんな写像 $f : A \to B$ についても $f \circ I_A = f$ となり，どんな写像 $g : B \to A$ についても $I_A \circ g = g$ となるような写像である．

よって，写像の合成 "$\circ$" は数のかけ算のようにふるまい，恒等写像は数で言えば 1 のような働きをする．すなわち，写像は「代数」をなす．

写像の代数についての重要な注意として，第一に，写像の合成は結合法則を満たす．つまり，任意の写像 $f : A \to B, g : B \to C, h : C \to D$ に対し，$(h \circ g) \circ f = h \circ (g \circ f)$ が成立することがすぐわかる．

よって，括弧で合成の優先順位を指定する必要はなく，$h \circ g \circ f$ と書くことができる．もちろん，この結合法則は 3 つの写像に限らず，(有限個なら) いくつでも成り立つ．

第二に，写像の合成は数のかけ算と異なって一般には可換ではない．つまり，$f \circ g$ と $g \circ f$ の両方が定義できたとしても，一般には定義域すら一致しないし，一致したとしても，写像として等しい (定義 3.6) とは限らない．

これらはあまりに素朴な性質なので，何か興味深いことが導けるのか，初学者は疑問に思うかもしれない．以下の項では簡単な例でその力を見てみよう．

3.3.2　逆写像，再び

第 3.2.2 項の定義 3.5 で既に逆写像を定義したが，以下のように別の方法で定義を与えることもある．

定義 3.8　逆写像の別の定義　写像 $f : A \to B$ に対し，

$$\varphi \circ f = I_A \quad \text{かつ} \quad f \circ \varphi = I_B \tag{3.1}$$

を満たす写像 $\varphi : B \to A$ があれば，f の逆写像と言い，f^{-1} と書く．

$$I_A \circlearrowleft A \underset{\varphi = f^{-1}}{\overset{f}{\rightleftarrows}} B \circlearrowright I_B$$

この定義は，前の定義 3.5 と比べて，ずっと明快で，また多くの場合には関係 3.1 だけで用が足りるため，便利でもある．

しかし，これが前の定義と一致していること，すなわち，逆写像がただ 1 つ定まること (一意性) も，逆写像が全単射に対してのみ定義できることも，一見ではわからない．これらは以下のように証明できる．

定理 3.1　逆写像の一意性　写像 $f : A \to B$ に対して，上の定義 3.8 の逆写像 $f^{-1} : B \to A$ は存在すれば一意である．

証明　もし，$\varphi, \varphi' : B \to A$ が両方とも f の逆写像ならば，

$$\varphi \circ f = I_A, \; f \circ \varphi = I_B; \quad \varphi' \circ f = I_A, \; f \circ \varphi' = I_B.$$

これらより (以下の図式の矢印をたどりながら考えよ)，

$$I_A \circlearrowleft A \underset{\varphi, \varphi'}{\overset{f}{\rightleftarrows}} B \circlearrowright I_B$$

$$\varphi = \varphi \circ I_B = \varphi \circ (f \circ \varphi') = (\varphi \circ f) \circ \varphi' = I_A \circ \varphi' = \varphi'.$$

よって，f^{-1} は一意．　　　　　　　　　　　　　　　　　　　　$\square$

上の証明では，恒等写像の性質と，写像の合成の結合法則しか用いていないことに注意されたい．

定理 3.2　逆写像と全単射　写像 $f : A \to B$ に対して，上の定義 3.8 の逆写像 $f^{-1} : B \to A$ が存在するならば，f (と f^{-1}) は全単射である．

証明　まず，$f^{-1} \circ f = I_A$ より，$a, a' \in A$ について $f(a) = f(a')$ ならば，

$$a = I_A(a) = (f^{-1} \circ f)(a) = f^{-1}(f(a)) = f^{-1}(f(a'))$$
$$= (f^{-1} \circ f)(a') = I_A(a') = a'.$$

よってその対偶, $a \neq a'$ ならば $f(a) \neq f(a')$ も正しく, f は単射.

また, $f \circ f^{-1} = I_B$ より, 各 $b \in B$ について $f(a) = b$ となる $a = f^{-1}(b)$ があるので, f は全射. ゆえに, f は全単射. □

逆に $f : A \to B$ が全単射ならば, 前の定義 3.5 の意味で逆写像が存在し, この逆写像は新しい定義も満たし, また, 逆写像は一意だから, 2 通りの定義は一致する.

全単射や逆写像という, 各集合の元の対応に立ち入った性質と思われるものも, 抽象的な写像の代数から定義できたわけである. 実際, 次の項で見るように, 集合と写像の色々な基本的概念が写像の代数の言葉で表現できる. これは圏論の考え方の基本となるアイデアである.

3.3.3 写像の代数の応用

前項に続いて, 集合や写像の性質を写像の代数によって特徴づけてみる. もっとも単純な集合は空集合 $\emptyset$ だろう (例 1.1). では, $\emptyset$ を (その元の性質に触れずに) 写像の言葉で表現できるだろうか.

空集合上の写像についての注意 3.1 を思い出そう. $\emptyset$ を定義域とする写像は「(対応を決めるべき元がないので) 何もしない」という写像だが, この写像は終域によらず, その終域に対して 1 つしかない.

一方, 定義域が $\emptyset$ でなければ, この性質は成り立たない. 例えば, 定義域 $A \neq \emptyset$ に対し, 写像 $\varphi : A \to \{0,1\}$ は, A のすべての元を 0 に写す写像, すべての元を 1 に写す写像の 2 つがあるし, さらに A が 2 つ以上の元を持つなら, 各元を 0 か 1 のどちらにふりわけるかで, 色々な写像がありうる.

よって, 空集合 $\emptyset$ は, 「どんな終域 X についても, **写像** $f_X : N \to X$ が**1 つしかないような集合** N」である.

次は 1 点集合 $P = \{p\}$ を写像の言葉で特徴づけてみよう. P は元を 1 つしか持たないので, P を終域とする写像は, どんな定義域に対しても 1 通りしかない. 実際, 定義域のすべての元を p に写すしかない.

逆に, 終域 B が 1 点集合でないなら, 定義域の各元を終域のどの点に写すかで色々な写像がある. すなわち, 1 点集合とは, 「**どんな定義域** X につい

ても，写像 $g_X : X \to P$ が **1 つしかないような集合** P」である．

これが空集合の特徴づけと対称的であることに注意されたい．実際，定義域と終域の役割が入れ替わっているだけである．

この 1 点集合を用いると，これからの写像で集合の元が記述できる．実際，集合 A の元 a は，写像 $\varphi_a : P \ni p \mapsto a \in A$ で特徴づけられる．すなわち，集合の元とは，「**1 点集合** P **からその集合への写像**」である．

写像の代数による逆写像の定義は全単射の特徴づけになっていたが，ここでは全射と単射それぞれについて，写像の代数のみで特徴づけを与えてみよう．

定理 3.2 の証明の後半で，「$f \circ \varphi = I_B$ となる写像 $\varphi : B \to A$ が存在すれば，$f : A \to B$ は全射」を示した．この φ を f の「右逆 (写像)」または，「切断」と言う．つまり，f の切断が存在すれば f は全射である．

この逆も成立するので[5]，これも特徴づけになっているが，ここでは別の方法を挙げよう．$f : A \to B$ が全射であることは，「**2 つの写像** $\varphi, \varphi' : B \to C$ について $\varphi \circ f = \varphi' \circ f$ ならば，$\varphi = \varphi'$ **となること**」である．

$$ A \xrightarrow{\ f\ } B \begin{array}{c} \varphi \\ \rightrightarrows \\ \varphi' \end{array} C $$

これは上の図式を眺めてみれば，ほぼ明らかだが，念のため証明しておこう．

f が全射のとき，もし $\varphi \neq \varphi'$ ならば，$\varphi(b) \neq \varphi'(b)$ なる $b \in B$ が存在する．よって，f が全射であることより $f(a) = b$ となる $a \in A$ も存在して，$\varphi \circ f(a) \neq \varphi' \circ f(a)$，つまり，$\varphi \circ f \neq \varphi' \circ f$. 対偶をとって $\varphi = \varphi'$.

また，f が全射でなければ，f の像に含まれない B の元が存在して，その元を φ, φ' が異なる値に写せば，$\varphi \neq \varphi'$. 以上より，上の特徴づけは確かに全射と同値である．

次は単射について考えよう．定理 3.2 の証明の前半では，$f : A \to B$ について，$\varphi \circ f = I_A$ となるような写像 $\varphi : B \to A$ が存在すれば，f が単射であることを示した．これを満たす $\varphi : B \to A$ のことを f の「左逆 (写像)」または，「引き込み」と言う．

この逆に，単射であれば引き込みが存在するということも，「ほぼ」正しいので ($f : \emptyset \to B$ を考えよ)，引き込みの存在も単射を特徴づけるが，ここでは別の方法を挙げよう．

---

[5] 選択公理 (公理 2.3.5) を用いて，各 $b \in B$ に対して $\{a \in A : f(a) = b\}$ から代表となる元を 1 つずつ選べばよい．この主張は選択公理と同値．

写像 $f : A \to B$ が単射であることは，「**2 つの写像** $\varphi, \varphi' : Z \to A$ について $f \circ \varphi = f \circ \varphi'$ **ならば，** $\varphi = \varphi'$ **となること**」である．

$$Z \overset{\varphi}{\underset{\varphi'}{\rightrightarrows}} A \xrightarrow{\ f\ } B$$

この主張が全射の特徴づけと対称的であることに注意せよ．

これが確かに単射の特徴づけを与えていることは，全射のときと同様．

注意 3.3　「切断」と「引き込み」の意味　「切断」と「引き込み」はやや奇妙な語だと思われるかもしれないが，以下のような意味である．

「切断」は "section" の訳語で，その本来の意味は「区分，分割」である．全射 $f : A \to B$ によって定義域 A は，各 $b \in B$ について b に写る元の集合 A_b たちに分割できる (実際，これは集合 A の分割 (定義 1.7))．

$f \circ \gamma = I_B$ を満たす γ は，各 $b \in B$ につき $\gamma(b) \in A$ を指定することで，この分割から元を 1 つずつ選び出している (よって選択公理 2.3.5 と同値．脚注 5 参照)．つまり，γ は分割を横切る「切り口 (切断面)」を作っている．

一方，「引き込み」は "retraction" の訳語で，その本来の意味は「引っ込める，撤回する，取り消すこと」である．つまり，$\varphi \circ f = I_A$ を満たす φ は f の働きを取消し，なかったことにしている．

この取消しを実行するには，値からそこに写る元を特定できなくてはならない．つまり，f が単射である必要がある．

第 4 章

集合の構造

前章までは主に，単にものの集まりとしての集合を扱った．しかし，数学で扱う集合はほとんどの場合，色々な「構造」を持ち，その構造を研究することが課題になる．本章では集合の基本的な構造を学ぶ．

4.1 集合の色々な構造

4.1.1 元の多さ (濃度)

集合の性質のうちでもっとも基本的なものは元の「多さ」だろう．例えば，集合 $A = \{1, 2, 3, 4\}$ は 4 個の元を持っていて，3 個の元を持つ集合や，元を持たない集合，無限に多くの元を持つ集合とは，異なる性質を持つと考えられる．

この性質は，元のその他の特徴には関係しない．例えば，上の集合 A と，集合 $B = \{$'い', 'ろ', 'は', 'に'$\}$ と，集合 $C = 2^{\{0,1\}} = \{\emptyset, \{0\}, \{1\}, \{0,1\}\}$ は，どれも 4 つの元を持つ，という同じ性質，同じ構造を持つ．この事情を正確に述べるために以下の概念を用意する．

> **定義 4.1　集合の同等**　2 つの集合 A, B の間に全単射 (1 対 1 対応) が存在するとき，A と B は同等である，と言い，記号で $A \sim B$ と書く．

全単射の性質より，集合 A, B, C について，$A \sim A$ であること，$A \sim B$ ならば $B \sim A$ でもあること，$A \sim B$ かつ $B \sim C$ ならば $A \sim C$ など，「同等」という語にふさわしい自然な性質を持つことは，ほぼ明らかだろう．

この「同等」の関係によって，元の「多さ」の性質が抽象化される．例えば，集合が 4 つの元を持つという性質は集合 $A_4 = \{1, 2, 3, 4\}$ と同等であることである．まず，有限集合と無限集合をこの言葉で定義しておこう．

定義 4.2　有限集合と無限集合　ある自然数 N に対して，集合 $A_N = \{n : n \in \mathbb{N}, 1 \leq n \leq N\} = \{1, 2, \ldots, N\}$ と同等な集合，および空集合のことを，有限集合と言う．また，そうでない集合のことを無限集合と言う．

　自然数全体 $\mathbb{N}$ や実数全体 $\mathbb{R}$ は確かに無限集合である．例えば，任意の写像 $\varphi : A_N \to \mathbb{N}$ について，その像 $\varphi(A_N) = \{\varphi(1), \ldots, \varphi(N)\}$ は $\mathbb{N}$ の真部分集合だから φ は全単射ではありえない．ただし，以下の例のように，包含関係による区別は無限集合同士に対しては成り立たない．

例 4.1　自然数全体と偶数とは同等　例 3.6 の全単射 $\varphi_2 : \mathbb{N} \ni n \mapsto 2n \in 2\mathbb{N}$ によって，自然数全体とその真部分集合である偶数の集合は同等．

例 4.2　「ヒルベルトのホテル」　無限に多くの部屋を持つホテルは，今満員だとしても新たに客を迎えられる．なぜなら，部屋番号 1 の客を 2 番の部屋に移し，2 番の客を 3 番に移し，……とすべての客を次の部屋に移動させて，空いた 1 番の部屋に新しい客を入れればよい．このように，$\mathbb{N} \sim \mathbb{N} \setminus \{1\}$. (この譬喩は「ヒルベルトのホテル」と呼ばれている)

例 4.3　実数全体と $(0, 1)$ 区間は同等　関数 $f : x \mapsto x/(1 + |x|)$ は $\mathbb{R}$ から $(-1, 1)$ への全単射．よって，$\mathbb{R} \sim (-1, 1)$. さらに，$\varphi : x \mapsto (x+1)/2$ を考えれば，$(-1, 1) \sim (0, 1)$. よって，$\mathbb{R} \sim (0, 1)$.

　驚くべきことに「同等」は無限の間にも区別があることを導く．とりわけ，自然数全体と同程度の「多さ」を持つ集合と，そうでない集合の差は重要であり，実際，数学のさまざまな場面でこの違いが決定的な役割を果たす．

定義 4.3　可算無限集合と非可算無限集合　自然数全体 $\mathbb{N}$ と同等である集合を可算無限集合，または可算無限であると言う．また，有限または可算無限であることを，高々可算，などとも言う．$\mathbb{N}$ と同等でない無限集合を非可算無限集合，または非可算無限である，非可算である，などと言う．

一見は，どんな集合でも $\{x_1, x_2, \ldots\}$ と元を並べて書けそうなので，これを順に自然数に対応させれば，高々可算になりそうである．例えば，有理数は既約分数 n/m の形に書けるので，$|n| + |m|$ の小さい方から順に適当に番号をつけていけば，確かに $\mathbb{Q}$ は可算であることがわかる．

しかし，非可算無限集合が実際に存在することが，以下のように示せる[1]．

> **定理 4.1 実数の非可算性** 実数全体 $\mathbb{R}$ は非可算である．

証明 例 4.3 で $\mathbb{R} \sim (0, 1)$ を見たから，$(0, 1)$ が非可算であることを示せばよい．背理法で示そう．もし $(0, 1)$ と $\mathbb{N}$ の間の全単射が存在したとすれば，$(0, 1) = \{x_1, x_2, \ldots\} = \{x_n\}_{n \in \mathbb{N}}$ のように自然数を添え字にして書ける．

この各元 $x_n \, (n \in \mathbb{N})$ を以下のように十進法の無限小数に書き表す (有理数を無限小数に書くには，後に 0 か 9 を無限に繰り返す 2 通りの方法があるが，前者に統一しておく):

$$x_n = 0.\, a_{n,1}\, a_{n,2}\, a_{n,3} \cdots .$$

対し，実数 $y \in (0, 1)$ を以下の十進法の無限小数の書き方で定義する:

$$y = 0.\, b_1\, b_2\, b_3 \cdots ,$$

ここで $b_k \, (k \in \mathbb{N})$ は，$a_{k,k}$ が奇数なら 2，偶数なら 1 と定めたものである (「対角線」$\{a_{k,k}\}_{k \in \mathbb{N}}$ に注目)．すると，数 y はいかなる x_n に対しても，その十進法の n 桁目が一致しないから，$y \notin (0, 1)$ となって矛盾． □

さらに，非可算集合にも同等でないものがいくらでもあることがわかる．

> **定理 4.2 集合とその冪集合は同等でない** 集合 X とその部分集合全体の集合族，すなわち冪集合 2^X とは同等でない．

証明 以下では，集合 X からその冪集合 2^X への全射が存在しないことを示

---

[1] 以下の定理の証明のトリックは「対角線に注目する」ことなので，「対角線論法」と呼ばれている．その次の定理 4.2 の証明も本質的にはこのアイデアを用いている．

そう．X が空集合のときは明らかなので，$X \neq \emptyset$ に対して背理法で示す．

写像 $\varphi : X \to 2^X$ が全射であると仮定する．この φ を用いて，以下のように集合 Y を定義する ($\varphi(x) \subset X$ に注意)．

$$Y = \{x \in X : x \notin \varphi(x)\}.$$

定義より $Y \subset X$ だから $Y \in 2^X$ であることに注意すれば，φ は全射だから $\varphi(x) = Y$ となる $x \in X$ が存在する．

この x について，$x \in Y$ か，$x \notin Y$ のどちらかである．もし $x \in Y$ ならば Y の条件 $x \notin \varphi(x) = Y$ に矛盾するし，$x \notin Y$ ならば $x \notin \varphi(x)$ より $x \in Y$ となって矛盾．よって，X から 2^X への全射は存在しない． □

よって，例えば，$\mathbb{N}$ は可算であるが $2^{\mathbb{N}}$ は非可算である．また，$\mathbb{R}$ と $2^{\mathbb{R}}$ とは，どちらも非可算であるが，同等ではない．2 つの集合が同等でないとき，集合の間にどちら向きの単射が存在するかで，どちらの方の元が「多い」か決めることは自然だろう．これによって，集合の元の個数を「濃度」の概念に一般化することができる．

まず有限集合 A の濃度はその元の個数である．つまり，$A \sim \{1, 2, \ldots, n\}$ の濃度は n であり，これを，$|A| = n$ と書く [2]．さらに $\mathbb{N}$ と同等な集合の濃度を $\aleph_0$ と書く [3]．つまり，$|\mathbb{N}| = \aleph_0$ である．$\mathbb{N}$ の濃度は $\{1, 2, \ldots, n\}$ から $\mathbb{N}$ への単射が存在するので，有限集合より大きい．そして上で見たように，$\mathbb{N}$ より $\mathbb{R}$ の方が濃度が大きく，さらに $2^{\mathbb{R}}$ の濃度はより大きく，いくらでも大きな濃度を持つ集合がある．

4.1.2　元が等しい (同値関係)

数学において何かと何かが「等しい」という関係は基本的である．この「(ある意味で) 等しい」という概念が持つべき性質を，集合の元の間の関係として抽象化したものが同値関係である．

定義 4.4　同値関係　集合 X の元の間に以下の関係 "$\sim$" が成り立っているとき，この関係を (X 上の) 同値関係と言い，X がこの同値関係を持つことを明示したいときは，$(X, \sim)$ のようにも書く．また，$x \sim y$ であるこ

---

[2] 他によく用いられている濃度の記号として，$\sharp A$ や $\mathrm{card}(A)$ がある．
[3] $\aleph$ はヘブライ文字の最初の字で「アレフ」と読む．$\aleph_0$ は「アレフゼロ」と言うことが多い．

とを, x, y は同値である, と言う.

- (反射律) 任意の $x \in X$ について $x \sim x$.
- (対称律) 任意の $x, y \in X$ について, $x \sim y$ ならば $y \sim x$.
- (推移律) 任意の $x, y, z \in X$ について, $x \sim y$ かつ $y \sim z$ ならば $x \sim z$.

理解を助けるため例を挙げよう. それぞれ上の 3 条件を確認されたい.

> **例 4.4　偶奇性**　自然数 $n, m \in \mathbb{N}$ に対して, n, m の両方が偶数, または両方が奇数のとき, 偶奇が等しいと言い, $n \sim m$ と書くことにする. 例えば, $1 \sim 13$, $2 \sim 8$, $101 \sim 999$. この "$\sim$" は $\mathbb{N}$ 上の同値関係.

言うまでもなく, 記号 "$\sim$" は便宜上の記号なので, 他のものでもよいし, また, 以下の例のように自身の特別な記号を持っている場合も多い.

> **例 4.5　剰余**　整数 n, m を自然数 M で割った余りが等しいとき, n と m は M を法として等しいと言い, $n \equiv m \pmod{M}$ と書く. このとき, 関係 "$\equiv$" は M ごとに $\mathbb{Z}$ の同値関係.

次の例は, 同値関係であることはすぐわかるものの, 実数上にどのように同値なものが存在しているのか, 具体的にイメージし難い.

> **例 4.6　差が有理数**　2 つの $x, y \in \mathbb{R}$ について, その差 $x - y$ が有理数のとき $x \sim y$ と書くことにする. この "$\sim$" は $\mathbb{R}$ 上の同値関係.

もちろん同値関係は数の集合上に限ったものではない.

> **例 4.7　図形の合同と相似**　平面上の図形の合同は同値関係である. また, 相似も同値関係である.

次の例は抽象的な集合に導入される同値関係である. 比喩的に言えば, 集合が小さな部分集合に部屋割りされるとき, 同じ部屋に属するものを同値とする.

> **例 4.8　集合の直和と同値関係**　集合 A は集合族 $\{A_s\}_{s\in I}$ の直和とする (定義 1.7). このとき, A の 2 つの元 a,b に対し, $a,b \in A_s$ となる添え字 s が存在することをもって $a \sim b$ と定義すると同値関係.

次の例も抽象的だが, 同値関係の本質を表す重要な例である.

> **例 4.9　同じ元に写る元**　写像 $\varphi : A \to B$ に対し, $\varphi(a) = \varphi(a')$ のとき $a \sim a'$ と書くことにすると, これは A 上の同値関係.

4.1.3　元の大小 (順序関係)

より詳しい構造として, 例えば, 数の集合は数の間に大小関係を持っている. これを抽象化したものが以下の「順序関係」である.

> **定義 4.5　順序関係**　集合 X の元の間に以下の関係 “$\preceq$” が成り立っているとき, この関係を (X 上の) 順序関係 (または単に順序) と言う. また, 順序 “$\preceq$” を持つ集合 X を順序集合と言い, $(X, \preceq)$ のように書く.
>
> - (反射律) 任意の $x \in X$ について $x \preceq x$.
> - (反対称律) 任意の $x,y \in X$ について, $x \preceq y$ かつ $y \preceq x$ ならば $x = y$.
> - (推移律) 任意の $x,y,z \in X$ について, $x \preceq y$ かつ $y \preceq z$ ならば $x \preceq z$.
>
> なお, 上の条件のうち, 反射律と推移律だけを課したものを前順序[4]と言う. 前順序を持つ集合を前順序集合と呼び, 同じく $(X, \preceq)$ のように書く.

この 3 つの条件は, 同値関係 (定義 4.4) の 3 条件で対称律だけを反対称律に変えたものであることに注意せよ. したがって, 前順序は順序から反対称律を落としたものであると同時に, 同値関係から対称律を落としたものである. なお, 反対称律の条件の中の “$=$” は集合の元として等しい, つまり元が一致するという意味である.

$x \preceq y$ のとき,「x より y の方が大きい」,「x の方が y より小さい」「x より y の方が後にある」,「x の方が y より前にある」などと言うこともある.

順序関係の例を挙げる前に, もう 1 つ定義をしておく.

---

[4] 前順序のことを「擬順序」と言う流儀もある. どちらも “preorder” の訳語.

定義 4.6　全順序，半順序　順序集合 $(X, \preceq)$ のある 2 元 $x, y \in X$ につ いて，$x \preceq y$ または $y \preceq x$ が成り立つとき，x と y は比較可能であると 言う．任意の $x, y \in X$ が比較可能であるとき，"$\preceq$" を全順序，X を全 順序集合と言う．また，全順序でない順序のことを半順序，全順序集合で ない順序集合のことを半順序集合と言う．

では，以下に例を挙げよう．

例 4.10　数の大小　自然数全体 $\mathbb{N}$，整数全体 $\mathbb{Z}$，有理数全体 $\mathbb{Q}$，実数全 体 $\mathbb{R}$ における大小関係 "$\leq$" は順序関係であり，しかも全順序．

例 4.11　三すくみは順序でない　集合 { 蛙，蛇，蛞蝓 } の元について， 蛙 $\preceq$ 蛇，蛇 $\preceq$ 蛞蝓，蛞蝓 $\preceq$ 蛙，と自分自身との関係，蛙 $\preceq$ 蛙，蛇 $\preceq$ 蛇，蛞蝓 $\preceq$ 蛞蝓，だけがあるとき，この "$\preceq$" は反射律と反対称律を満た すが推移律を満たさないので，順序ではない．

例 4.12　集合の包含関係　集合 Ω の部分集合全体 2^{Ω} に対し，包含関係 "$\subset$" は半順序．実際，任意の $A, B, C \in 2^{\Omega}$ について，$A \subset A$ であるし， $A \subset B$ かつ $B \subset A$ ならば $A = B$．また，$A \subset B$ かつ $B \subset C$ ならば $A \subset C$．しかし，一般には $A \subset B$ でも $B \subset A$ でもない A, B が存在す るので全順序ではない．

例 4.13　辞書順序　英単語の辞書には語が一列に並んでおり，つまり単 語の全順序集合である．これは語の先頭文字のアルファベット順を比べ， これが同じなら，次の文字を比べる，ということを続けて順序を決める規 則である．これを「辞書順 (辞書順序)」と呼ぶ．数学でもしばしば，この 「辞書順」は順序を決める規則になる．

4.1.4　最大 (最小) と上限 (下限)

集合の中で「(ある意味で) 一番大きいものがあるか, また, それは何か」という問いは重要である. 順序集合はこの問題を扱う最小限の枠組みである. これを正確に扱うための言葉を以下のように用意する.

以下の 3 つの定義では, $(X, \preceq)$ を順序集合とする (全順序集合とは限らない).

> **定義 4.7　上界/下界**　部分集合 $A \subset X$ と元 $x \in X$ に対し, 任意の $a \in A$ について $a \preceq x$ ならば, x は A の上界である, と言う. また, 任意の $a \in A$ について $x \preceq a$ ならば, x は A の下界である, と言う.
>
> 　$A \subset X$ が上界を持つとき, A は上に有界であると言い, 下界を持つとき, 下に有界であると言う. また, 上にも下にも有界であるときは, 単に有界であると言う.

上の定義で X が全順序集合である必要はないが, 部分集合 A のすべての元が x と比較可能でなければならない.

> **定義 4.8　最大元/最小元**　部分集合 $A \subset X$ に対し, その元 $\bar{a} \in A$ が A の上界であるとき, $\bar{a}$ を A の最大元と言い, 記号で $\bar{a} = \max A$ と書く.
>
> 　同様に $\underline{a} \in A$ が A の下界であるとき, $\underline{a}$ を A の最小元と言い, 記号で $\underline{a} = \min A$ と書く.

最大元 (最小元) は A 自身の元なので, 上界 (下界) と異なって, 存在するならば 1 つだけである. 実際, もし $\bar{a}, \bar{b} \in A$ が両方 A の最大元なら, 前者が最大元であることより, $\bar{b} \preceq \bar{a}$ だが, 後者も最大限であることより, $\bar{a} \preceq \bar{b}$. ゆえに, 順序の反対称律より, $\bar{a} = \bar{b}$.

この最大元 (最小元) に似た概念として, 以下の上限 (下限) も導入する.

> **定義 4.9　上限/下限**　上に有界な部分集合 $A \subset X$ に対し, その上界 (すべての集合) の最小元を A の上限と言い, 記号で $\sup A$ と書く. また, 下に有界な A に対し, その下界の最大元を A の下限と言い, 記号で $\inf A$

と書く.

　A の上限 (下限) は X の部分集合の最小元 (最大元) だから, A の最大元 (最小元) と同様, 存在すれば 1 つだけである. また定義より, 最大元が存在すれば上限も存在して両者が一致することや, 上限が存在しなければ最大元も存在しないこともすぐわかる (最小元と下限も同様).

　上限 (下限) の定義, および, その最大元 (最小元) との差は, 初学者にはやややわかり難いので, 数による例を見ておこう.

例 4.14　自然数の部分集合の場合　自然数全体と大小関係の全順序集合 $(\mathbb{N}, \leq)$ の部分集合が有界ならば, 最大値 (最小値) が常に存在する (数の場合は最大「元」と言う代わりに, 最大「値」と言うことが多い). 例えば, $\{10, 11, \ldots, 19, 20\}$ の最小値であり下限は 10, 最大値であり上限は 20.

以下はのちに実数の性質や位相を学ぶにあたって重要な例である.

例 4.15　有理数の部分集合の場合　有理数全体と大小関係の全順序集合 $(\mathbb{Q}, \leq)$ の部分集合については, 有界であっても最大値 (最小値) も上限 (下限) も存在するとは限らない. 例えば, 以下の 3 つの部分集合を考えよう.

$$A_1 = \{q \in \mathbb{Q} : q \leq 2\}, \quad A_2 = \{q \in \mathbb{Q} : q < 2\},$$
$$A_3 = \{q \in \mathbb{Q} : q^2 \leq 2\}.$$

ここで, 記号 "$<$" は通常の不等号, つまり, $a \leq b$ かつ $a \neq b$ を $a < b$ と書いた. A_1, A_2, A_3 はどれも上に有界である.

　結論から書けば, A_1 の最大値かつ上限は 2 である. A_2 は, 上限は 2 だが, 最大値を持たない. さらに A_3 は上限も最大値も持たない.

　A_2 に最大値がないのは, 任意の $q \in A_2$ に対し, $q < q' < 2$ となる $q' \in A_2$ が存在するからである (これが自然数とは異なる性質であることに注意せよ). 上限は $\{q : 2 \leq q\}$ の最小値だから, $\sup A_2 = 2$.

　A_3 については, $q^2 = 2$ となる q が A_3 の中にも, $\mathbb{Q}$ の中にもない, ということが本質である (実際, $\sqrt{2}$ は無理数). これより, A_2 が最大値を持たないのと同じ理由で, A_3 も最大値を持たず, その上界の集合も最小値を持たないから, A_3 は上限も持たない.

　実数の場合も，上 (下) に有界な部分集合が最大値 (最小値) を持つとは限らないが，重要な性質として，必ず上限 (下限) を持つ (定理 5.2)．このことはそもそも実数とは何かという問題と関係しているため，あとの第 5.1.1 項で扱う．

4.1.5　元の間の距離

　次は，集合の元と元とがどれくらい離れているか，つまり「距離」を考えよう．「距離」の本質を取り出した抽象化が以下である．

定義 4.10　距離と距離空間　集合 X のどの 2 つの元 $x, y \in X$ に対しても，それぞれに実数 $d(x, y)$ が定まり，以下の 3 つの条件を満たすとき，この $d = d(\cdot, \cdot)$ を距離と言う．距離 d を持つ集合 X を距離空間[5]と呼び，その距離も一緒に示したいときは (X, d) のようにも書く．

- (正定値性) 任意の $x, y \in X$ について $d(x, y) \geq 0$ であり，しかも，$d(x, y) = 0$ と $x = y$ は同値．
- (対称性) 任意の $x, y \in X$ について $d(x, y) = d(y, x)$．
- (三角不等式) 任意の $x, y, z \in X$ について，$d(x, z) \leq d(x, y) + d(y, z)$．

　つまり距離とは，非負の実数値をとり，距離 0 が同一地点を意味し，どちらからどちらへの距離も等しく，かつ，寄り道すると遠くなるようなものである．
　以下に典型的な距離の例を挙げておく．

例 4.16　数の間の距離　任意の 2 つの実数 $x, y \in \mathbb{R}$ に対し，その間の「間隔」を $d(x, y)$，つまり，$d(x, y) = |x - y|$ と定めれば，この d は距離であり，$(\mathbb{R}, d)$ は距離空間．$\mathbb{N}, \mathbb{Z}, \mathbb{Q}$ でも同様．
　しかし，$d'(x, y) = (x - y)^2$ は距離ではない．実際，$d'(1, 5) \geq d'(1, 2) + d'(2, 5)$ などから三角不等式が成り立たない．

---

[5] 距離「集合」ではなく距離「空間」と呼ぶ習慣なのは，距離が幾何学的な概念だからだろう．

例 4.17　平面上のユークリッド距離　座標平面上の 2 点 $X(x_1, x_2)$ と $Y(y_1, y_2)$ の間の「直線距離」はピタゴラスの定理より,

$$d_E(X, Y) = \sqrt{(x_1 - y_1)^2 + (x_2 - y_2)^2}.$$

この $d_E(\cdot, \cdot)$ は距離である. これを平面上のユークリッド距離と言う.

　正定値性と対称性は明らかで, また, 三角不等式が成り立つことも「直線距離」の直観的意味からは自然だろう (ただし, これをきちんと示すことはやや難しい. 項末の演習問題 4.1).

以上の例がそれぞれ直線上の距離, 平面上の距離としてもっとも自然で, 初学者にとってはこれ以外の距離を想像し難いかもしれない. しかし, 距離はその定義 4.10 さえ満たせばよいのだから, 他の距離もいくらでもありうる. 例えば, 以下は実際的にも意味がある例だろう.

例 4.18　マンハッタン距離, パリ距離　座標平面上の 2 点 $X(x_1, x_2)$ と $Y(y_1, y_2)$ の間の距離 $d_M(X, Y)$ を

$$d_M(X, Y) = |x_1 - y_1| + |x_2 - y_2|$$

で定義できる. 喩えて言えば, 縦横に走る道のみがある碁盤の目状の街における最短距離である (この理由で d_M をマンハッタン距離とも言う).

　また, $d_P(X, Y)$ を, X, Y と原点 $O(0, 0)$ が一直線状にあるときは通常のユークリッド距離 $d_E(X, Y)$, そうでないときは $d_E(X, O) + d_E(Y, O)$ で定めると, この d_P も距離である (三角不等式を確認せよ). 喩えて言えば, 中心から放射状の道だけがある街における最短距離である (この理由で d_P をパリ距離とも言う).

以下は非常に抽象的な例で, どんな集合に対してでも定義できる.

例 4.19　離散距離　集合 X の元 $x, y \in X$ に対し, $x \neq y$ ならば $d_D(x, y) = 1$, $x = y$ ならば $d_D(x, y) = 0$ と定めれば, この $d_D(\cdot, \cdot)$ は距離である. これを離散距離と言う [6].

---

[6] 離散距離空間では, すべての元にとって他のすべての元が, 等しく「他人である」という意味しか持たない. 孤独な世界とも博愛の世界とも言えよう.

本項の最後に，後回しにしていたユークリッド距離の三角不等式の証明を演習問題として挙げておく．

演習問題 4.1   平面上の直線距離の三角不等式

1. 平面上の 2 点 $X(x_1, x_2), Y(y_1, y_2)$ に対し，$\langle X, Y \rangle = x_1 y_1 + x_2 y_2$，$\|X\| = \sqrt{x_1^2 + x_2^2}$ などと書くと，$|\langle X, Y \rangle| \le \|X\| \|Y\|$ が成り立つことを示せ (コーシー-シュワルツの不等式)．

2. 上の不等式を用いて，$\|X + Y\| \le \|X\| + \|Y\|$ を示せ．ただし，ここで $X + Y$ は座標 $(x_1 + y_1, x_2 + y_2)$ を持つ点．

3. これを用いて，平面上のユークリッド距離の三角不等式を示せ．

4.2 直積と商集合

4.2.1 直積

集合たちから集合を作る新たな方法として「直積」を導入する．

定義 4.11   直積   集合 A, B に対し，それぞれの元の対全体のなす集合を A, B の直積 (集合) と言い，記号で $A \times B$ と書く．つまり，

$$A \times B = \{(a, b) : a \in A,\ b \in B\},$$

ここに，"(,)" は順序を区別した対 ($x = y$ でない限り $(x, y) \ne (y, x)$)．
同様に，有限個の集合 $A_1, A_2, \ldots, A_n$ に対し，

$$A_1 \times \cdots \times A_n = \{(a_1, \ldots, a_n) : a_1 \in A_1, \ldots, a_n \in A_n\}$$

をこれらの直積 (集合) と言う．

---

1 つの集合 A に対する直積，$A \times A$ や $A \times \cdots \times A$ は特によく用いられる．例えば $A \times A$ なら，A から (重複を許して) 取り出した 2 つの元の対の全体である．これらは誤解がなければ，A^2 や A^n のように書くこともある．

以下，直積の概念に慣れるため例を挙げておく．

例 4.20　**有限集合の直積**　2 つの集合 $A = \{1, 2, 3\}, B = \{4, 5\}$ に対し,

$$A \times B = \{(a, b) : a \in A, b \in B\}$$
$$= \{(1, 4), (1, 5), (2, 4), (2, 5), (3, 4), (3, 5)\},$$
$$A \times A = \{(a_1, a_2) : a_1, a_2 \in A\}$$
$$= \{(1, 1), (1, 2), (1, 3), (2, 1), (2, 2), (2, 3), (3, 1), (3, 2), (3, 3)\},$$
$$B \times B = \{(4, 4), (4, 5), (5, 4), (5, 5)\},$$

この例からも容易にわかるように, 有限集合に対して $|A| = m, |B| = n$ であるとき, $|A \times B| = mn$ が成り立つ.

例 4.21　**実数 $\mathbb{R}$ の直積, 区間の直積**　実数全体の集合 $\mathbb{R}$ に対し,

$$\mathbb{R} \times \mathbb{R} = \{(x, y) : x, y \in \mathbb{R}\}$$

は 2 次元平面の座標の全体の集合であり, 通常は $\mathbb{R}^2$ と書く. 同様に n 個の $\mathbb{R}$ の直積 $\mathbb{R}^n$ が定義される. これらを座標空間と言う.

また, 実数の区間 $[a, b], [c, d]$ に対し,

$$[a, b] \times [c, d] = \{(x, y) : a \le x \le b, c \le y \le d\} \subset \mathbb{R}^2$$

は 2 次元座標空間内の 4 点 $(a, c), (a, d), (b, c), (b, d)$ に囲まれた長方形.

4.2.2　同値類と商集合

数学的な対象に対してしばしば,「ある意味で等しい」ものを「同一視」し, その差を無視したいことがある. この「ある意味で等しい」は同値関係 (定義 4.4) で導入できるが,「同一視」を実現するのが同値類と商集合の概念である.

集合の分割が同値関係を導くことを思い出そう (例 4.8). 本項で主張したいことはその逆, つまり, 同値関係があればその集合が分割できることである.

定義 4.12　**同値類**　同値関係 "$\sim$" を持つ集合 X の元 a に対し, a と同値なもの全体のなす X の部分集合 $E_a = \{x \in X : x \sim a\}$ を a の同値類と言う. また, 特にこの a を指定せずに, ある元の同値類のことも, X

の同値類と言う.

$a \in E_a$ は自明だから, X は各元の同値類の和集合で書ける. しかし, X が
どんな複雑な集合でも同値類全体で分割できる, ということはそれほど明らか
ではない. その根拠は, 以下の基本的な性質である.

> **定理 4.3　同値類の性質**　同値関係 "∼" を持つ集合 X に対し, $a \in X$ の
> 同値類を $E_a = \{x \in X : x \sim a\}$ と書くとき,
>
> 1. $a \sim b$ と $E_a = E_b$ は同値,
> 2. $a \sim b$ でないならば $E_a \cap E_b = \emptyset$.

証明　1. $a \sim b$ ならば, 任意の $x \in X$ に対し, $a \sim x$ と $b \sim x$ は同値. 実
際, $a \sim x$ ならば, $a \sim b$ と推移律より $b \sim x$ だし, $b \sim x$ でも同様に $a \sim x$.
よって, $E_a = \{x \in X : x \sim a\} = \{x \in X : x \sim b\} = E_b$.

逆に $E_a = E_b$ ならば, ある $x \in E_a = E_b$ について $x \sim a$ かつ $x \sim b$ だ
から, 推移律より $a \sim b$.

2. もし $x \in E_a \cap E_b$ であるような x が存在すれば, $x \sim a$ かつ $x \sim b$ だ
から, 推移律より $a \sim b$. ゆえに, $a \sim b$ でないならば, このような x は存在
しない (対偶). つまり, $E_a \cap E_b = \emptyset$.　　　　　　　　　　　　□

上定理より, X の任意の元 x は, ある同値類に属し (実際 $x \in E_x$), 各同値
類は互いに共通部分を持たない. よって, 同値類の全体は集合の分割 (逆に言
えば直和) を導く. この同値類の全体は, X において同値関係を「同一視」し
た集合である.

> **定義 4.13　商集合と代表元**　同値関係 "∼" を持つ集合 X に対し, 同値
> 類の全体のなす集合族 $\mathcal{E}$ のことを同値関係 "∼" による X の商集合と言
> い, 記号で $X/\!\sim$ と書く. また, 各同値類から 1 つずつ選んだ元のことを
> 代表元と言う.

これによって，代表元の集合を $I(\subset X)$ と書けば，X は

$$X = \bigsqcup_{E \in \mathcal{E}} E = \bigsqcup_{a \in I} E_a$$

と分割できることになる．ただし，各同値類から 1 つずつ元を選び出した集合 I が存在するには，「選択公理」(公理 2.3.5) が必要なことを注意しておく．なお，代表元の集合と同値類全体は同等 (定義 4.1) なので，(正確な言葉遣いではないが) 前者も商集合と呼ぶこともある．

以下でいくつか同値類の例を見ておこう．おそらく次の例がもっともやさしく，同値類と商集合の概念の確認によいだろう．

例 4.22　**偶奇性**　例 4.4 で見た自然数の偶奇性による同値関係 "$\sim$" による同値類は，$E_{\mathrm{odd}} = \{1, 3, 5, \dots\}$, $E_{\mathrm{even}} = \{2, 4, 6, \dots\}$ の 2 つで，$\mathbb{N}/\sim = \{E_{\mathrm{odd}}, E_{\mathrm{even}}\}$．もちろん，$\mathbb{N} = E_{\mathrm{odd}} \sqcup E_{\mathrm{even}}$．代表元は例えば，$1 \in E_{\mathrm{odd}}$, $2 \in E_{\mathrm{even}}$ と選べる．

例 4.23　**剰余類**　同値関係の例 4.5 で見た自然数 M を法とした剰余の同値関係 "$\equiv$" による同値類を「(法 M の) 剰余類」と言う．

次の例は，同値類が極めて奇妙なものでありうることを示している．この代表元の集合は (選択公理によれば) 確かに存在するのだが，その形を具体的にイメージすることは難しい．

例 4.24　**$\mathbb{R}$ 上の非可測集合**　同値関係の例 4.6 で見たように，実数の「差が有理数である」ことは同値関係なので，これによる同値類が考えられる．よって，その代表元を 1 つずつ選んだ集合 $Z(\subset \mathbb{R})$ が存在する．

以下のように，同値類の概念は数の集合に限るわけではない．

例 4.25　**平面上の直線と平行移動**　xy-平面上の直線に対し，互いに平行であることをもって同値関係とする．この同値類は x 軸に対し同じ角度を持つ直線の集合だから，代表元として特に原点を通る直線を選べる．

　以下に2つの抽象的な例を挙げておく．次の例はほぼ明らかだが，集合の分割による同値類が分割と一致することの確認である．

例 4.26　集合の分割と同値類の一致　同値関係の例 4.8 で見たように，集合の分割 (直和) $A = \bigsqcup_{s \in I} A_s$ に対し，同じ A_s に属することを "∼" で表せば同値関係．これによる同値類は，その定義から明らかに A_s 自身．つまり，$A/\!\!\sim\, = \{A_s\}_{s \in I}$.

例 4.27　切断　例 4.9 で見たように，写像 $\varphi : A \to B$ に対し，φ で同じ元に写されることは同値関係．この同値関係による同値類は，φ の像に属する各 $b \in \varphi(A)(\subset B)$ に対し，その逆像 $\varphi^{-1}(\{b\}) = \{a \in A : \varphi(a) = b\}$ である．φ が全射ならば，この同値類から1つずつ代表元を選び出す写像が，φ の切断で与えられる (第 3.3.3 項の「切断」に関する箇所，および注意 3.3 も参照).

4.3　集合の構造と写像 — 圏の考え方へのイントロ 2

　本節では，圏の考え方への導入として，「構造を保つ写像」について考える．

4.3.1　同値関係を保つ写像

　同値関係を導入する理由の1つは，今考えている問題にとっては不用な差を「同一視」したいことだった．その場合，この集合上で定義された写像は，同一視された元に対して「同じ」値をとるべきだろう．

　同値関係を持つ集合 $(A, \sim)$ と $(B, \sim')$ に対し，写像 $\varphi : A \to B$ を考えよう．この φ が同値な元を同値な元に写すとき，つまり，$a_1 \sim a_2$ であるような任意の $a_1, a_2 \in A$ について，$\varphi(a_1) \sim' \varphi(a_2)$ が成り立つとき，φ は同値関係を保つと言う．

　同値関係を保つ写像は，第 3.3.1 で見た写像の代数になっているだろうか．もしそうならば，第 3.3 項でのように，抽象的な代数関係で性質を調べられる．

　まず第一に，同値関係を保つ写像には「恒等写像」がある．実際，同値関係

を持つ集合 $(A, \sim)$ に対し，任意の $a \in A$ をそれ自身に写す写像 $I_A : a \mapsto a$ は，$a \sim a'$ ならば $I_A(a) = a \sim a' = I_A(a')$ だから，同値関係を保つ写像である．また，同値関係を保つどんな $f : A \to B, g : B \to A$ についても以下が成り立つ．

$$f \circ I_A = f, \quad I_B \circ f = f; \quad I_A \circ g = g, \quad g \circ I_B = g.$$

第二に，同値関係を保つ性質は「合成」で保たれる．実際，同値関係を持つ集合 $(A, \sim), (B, \sim'), (C, \sim'')$ と，同値関係を保つ写像 $\varphi : (A, \sim) \to (B, \sim'), \psi : (B, \sim') \to (C, \sim'')$ に対し，$a_1 \sim a_2$ であるような任意の $a_1, a_2 \in A$ について，φ が同値関係を保つことから $\varphi(a_1) \sim' \varphi(a_2)$ であり，さらに ψ が同値関係を保つことから $\psi \circ \varphi(a_1) \sim'' \psi \circ \varphi(a_2)$．よって，$\psi \circ \varphi : (A, \sim) \to (C, \sim'')$ も同値関係を保つ写像．

結果として，同値関係を保つ写像は代数をなす．よって，恒等写像と写像の合成のみを用いる議論はすべてそのまま通用する．このことは当り前のようだが，強力な論法である．

例として，同値関係を保つ写像の「逆写像」を考えてみよう．このような性質を持つ写像の「逆写像」としては，単に逆写像であるだけではなく，さらに同値関係を保つことを期待したいことが多い．しかし，これは必ずしも満たされない．

例えば，偶奇性の同値関係 (例 4.4) を持つ集合の間の写像 $f : (\{1, 2, 3\}, \sim) \to (\{2, 4, 6\}, \sim)$ を $f : n \mapsto 2n$ で定義すると，f は同値関係を保つ写像．また全単射だから，逆写像 $f^{-1} : n \mapsto n/2$ を持つ．しかし，この逆写像は同値関係を保たない．実際，$2 \sim 4$ だが $f^{-1}(2) = 1$ と $f^{-1}(4) = 2$ は同値でない．

よって，写像の代数による逆写像の定義 3.8 で同値関係を保つ写像のみを「写像」として採用することが考えられる．この「逆写像」は単に集合間の同等 (定義 4.1) を与えるだけではなく，その全単射で構造も保たれている．つまり，より良い意味で同等であり，むしろ「同型」という語がふさわしいだろう．

第 3.3.3 項では，集合と写像を「もの」と「矢印」と捉える見方を示したが，このように構造を持った「もの」とその構造を保つ「矢印」を考えることで，より複雑な数学的対象がこの世界観に含まれ，統一的な手法で調べられる．

演習問題 4.2　グラフ

　頂点とその間の辺からなる図形を「グラフ」と言う．特に辺に向きがあるときは有向グラフ，そうでないときは無向グラフと言う．例えば，

頂点 $V = \{a, b, c, d, e, f\}$, 辺 $E = \{(a, b), (a, c), (b, c), (b, e), (c, b), (f, f)\}$,

からなる図形は 1 つの有向グラフである．ここで，(a, b) は a から b への向きを持った辺，頂点は自分から自分への辺を持ってもよいし (辺 (f, f))，また，どの辺とも関わりを持たなくてもよい (頂点 d).

　グラフからグラフへの，グラフの構造を保つ写像とはどんなものか考えよ．

4.3.2　順序集合と「写像の代数」

　同値関係と同様に順序関係を保つ写像も考えられる．順序集合 $(A, \preceq), (B, \preceq'), (C, \preceq'')$ の間の写像 $\varphi : A \to B, \psi : B \to C$ がそれぞれ順序を保つ写像ならば，$a_1 \preceq a_2$ を満たす任意の $a_1, a_2 \in A$ について，$\varphi(a_1) \preceq' \varphi(a_2)$ であり，さらに，$\psi(\varphi(a_1)) \preceq'' \psi(\varphi(a_2))$ だから，$\psi \circ \varphi : A \to C$ も順序を保つ．

　恒等写像の性質など他の写像の代数的性質も簡単に確かめられるから，やはり順序集合を「もの」，順序を保つ写像を「矢印」として，順序集合のことも代数的に研究できる．

　また，順序集合に対して別の観点から「もの」と「矢印」が考えられる．ある順序集合 $(X, \preceq)$ に対し，X の元のそれぞれを「もの」とし，2 つの「もの」$x, y \in X$ が $x \preceq y$ であるとき，これを x から y への「矢印」$\alpha : x \to y$ で表現する．これが確かに写像の代数と同じ性質を持つだろうか．

　まず，任意の $x \in X$ について $x \preceq x$ が成り立つのだったから (反射律)，どの x についても矢印 $I_x : x \to x$ がある．

　次に，$\alpha : x \to y, \beta : y \to z$ という 2 つの矢印があるとき，これは $x \preceq y, y \preceq z$ を矢印の記号で書いたのだから，推移律より $x \preceq z$ が成り立ち，$\gamma : x \to z$ という矢印がある．これを $\gamma = \beta \circ \alpha$ と書けば，矢印は「合成」が可能である．つまり，矢印は「順序関係をたどること」に他ならない．

　これより，矢印 $I_x : x \to x$ と $\alpha : x \to y$ について，矢印 $\alpha \circ I_x : x \to y$ があって，これは α 自身のことに他ならず，$\alpha \circ I_x = \alpha$. また，$\alpha$ と $I_y : y \to y$ について $I_y \circ \alpha = \alpha$ など，以下の図式で I_x, I_y が満たすべき関係も同様に確

認にできる.

$$I_x \, \circlearrowleft \, x \underset{\beta}{\overset{\alpha}{\rightleftarrows}} y \, \circlearrowright \, I_y$$

　よって，順序集合はその元を「もの」，順序を「矢印」として，写像の代数と同じ性質を満たす. また, この確認に反対称律を使わなかったことから, 既に前順序集合についてこれが成り立つこともわかる.

　このように,「もの」と「矢印」は集合とその間の写像である必要はない. 写像の代数の性質さえ形式的に満たせばなんでもよいのである.

4.3.3　直積集合, 再訪

　集合の元の間の関係を通して構造を与える他に, 集合と集合との直積のように, 新たに集合を作る操作で構造を考えることもできた. 本項では直積を写像の代数の言葉で考え直してみよう.

　集合 X, Y の直積 $X \times Y = \{(x, y) : x \in X, y \in Y\}$ を写像の言葉で表現したい. その手がかりは, 直積 $X \times Y$ について以下の 2 つの特徴的な写像があることである.

$$\pi_X : X \times Y \ni (x, y) \mapsto x \in X, \quad \pi_Y : X \times Y \ni (x, y) \mapsto y \in Y.$$

この 2 つの写像はそれぞれ, 対 (x, y) の片方だけを抜き出す写像で, もう一方が何であっても同じ元に写す.

　一方, X, Y から作られる集合 $X \cap Y, X \cup Y, X \sqcup Y$ などについては, このような性質を持つ写像は存在しない. この性質が「ユニーク」であることを, 写像の代数の言葉で明確に述べたい.

　そのため, 以下の図式のように, $X \times Y$ の他にもう 1 つ Z という集合と, X, Y への写像 $f : Z \to X, g : Z \to Y$ があったとしよう. このとき, $X \times Y$ が Z に対して特別な意味を持っている, ということを主張すればよい.

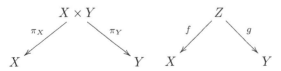

そこで, これらの図式を組み合わせて, Z から $X \times Y$ への写像 φ を考えよう.

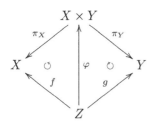

ここで，矢印のなす左右の三角形の中に書いた小さな丸い矢印は，この $\varphi : Z \to X \times Y$ が以下の関係を満たすことを示している.

$$\pi_X \circ \varphi = f, \quad \pi_Y \circ \varphi = g.$$

このように矢印をたどって同じものにたどりつく写像が等しいとき，図式は「可換」であると言い，この図式を「可換図式」と言う．このとき，$X \times Y$ を経由すれば π_X, π_Y のような f, g を合成できるのだから，$X \times Y$ は Z を代理できると考えられる.

　ここで注意すべきことは，上の関係を満たす φ がただ 1 通りしかないことである．実際，

$$\varphi : Z \ni z \mapsto (f(z), g(z)) \in X \times Y$$

で φ を定義すれば明らかに上の関係を満たし，しかも，上の関係を満たす φ はこれしかない.

　また，もし上のような特権的な $X \times Y$ がもう 1 つあったとして，それを $X \tilde{\times} Y$ と書けば，これを上の図式で $Z = X \tilde{\times} Y$ だと思い，また，$X \tilde{\times} Y$ に対して，$Z = X \times Y$ だと思えば，$X \times Y$ と $X \tilde{\times} Y$ の間に唯一の全単射があることが示せる．結論として，直積 $X \times Y$ とは上のような可換図式の写像 φ が一意に定まること，と特徴づけられるわけである.

　ふりかえってみると，「図式が可換になるような写像が一意に定まる」という写像の代数の言葉を用いて，あるものが特権的な地位を持っていて，かつ，(同型の意味で) 一意的であることが示せた．しかも，この論法は事実上，「もの」と「矢印」をたどってみるだけのことだったのである.

$\mathbb{R}$ とその間の関数 — 位相への道程

この章では，実数 $\mathbb{R}$ の部分集合の性質や，$\mathbb{R}$ 上の関数の性質を扱う．ここで現れるさまざまな概念は，のちに「位相」の言葉で整理，抽象化される．この章はそのもっとも重要な例を提供するものでもある．

5.1 実数と実数列の極限

5.1.1 実数

実数とは何か，我々は既に十分に知っているものとここまで仮定してきた．これはかなりの部分まで正しい．我々は実数全体 $\mathbb{R}$ が整数全体 $\mathbb{Z}$ と有理数 $\mathbb{Q}$ を $\mathbb{Z} \subset \mathbb{Q} \subset \mathbb{R}$ のように包含していることを知っているし，それらに属する数の四則演算とその性質にも習熟している．

また，$\mathbb{Z}$ と $\mathbb{Q}$ が可算無限集合である一方，$\mathbb{R}$ が非可算無限集合であることも知っている．数の集合が数の大小関係 "$\leq$" を順序として全順序集合であることも，2 つの数の絶対値の差を距離として距離空間であることも知っている．

さらに，数の十進法の表示を通じて，数直線上でこれらの数がどのように並んでいるかも，よく知っている．例えば，有理数でない実数を無理数と言うが，どの無理数についても，それにいくらでも近い有理数がある．

実際，あと知らなければならないことは，$\mathbb{R}$ が $\mathbb{Q}$ とは異なって，「すきまなく」「べったりと」「連続」であることだけである．このことを数学的に厳密に述べるには色々な方法がある．

その標準的な方法の 1 つでは，実数を有理数全体の集合 $\mathbb{Q}$ の「切断」[1] で定義する．これは正攻法だが，定義した「実数」に演算や順序などの構造を導入し直した上で，我々が既によく知っている実数と一致することを証明しなけ

---

[1] この切断 ("cut"；ドイツ語原語は "Schnitt") は，第 3.3.3 項で見た写像の切断 ("section") の概念とはまったく異なるもので，デデキントによって実数の定義のために導入された．

ればならず，かなり面倒である[2]．

　そこで，本書では切断の公理を，実数の性質を述べた定理として挙げて，実数の理解を補完する．この定理は事実上の公理であるから，本書では証明を与えないが，初学者にとってしばらくの間，困ることはないだろう．

定理 5.1　実数の切断　ℝ のどちらも空集合でない 2 つの部分集合による分割 $\mathbb{R} = L \sqcup U$ が，任意の $x \in L$ と $x' \in U$ に対し $x < x'$ を満たすとき，L の最大元か U の最小元 (のどちらか一方) が存在する．

　この組 (L, U) のことを実数の切断と言う．この定理の主張は，2 つの集合の境目が実数として存在することである．実際，L の最大元か U の最小元を $a \in \mathbb{R}$ とすれば，任意の $x \in L, x' \in U$ について $x \leq a \leq x'$ が成り立つ．

　この性質が，実数が「すきまなく」「連続」であることを保証する．実際，以下で見るように，「連続性」を述べる定理群がこの定理から導かれる．

　ℝ は全順序集合だから，その部分集合の有界性 (上界/下界)(定義 4.7) や，最大/最小 (定義 4.8)，上限/下限 (定義 4.9) を考えることができる．有理数全体 ℚ の部分集合については有界であっても上限/下限が存在するとは限らなかったが (例 4.15)，ℝ では以下のように必ず存在する．

定理 5.2　上限 (下限) の存在　上に有界な実数の部分集合 $A \subset \mathbb{R}$ には，上限 $\sup A \in \mathbb{R}$ が存在する．

証明　A の上界全体の集合を U とし，$L = \mathbb{R} \setminus U$ とおく．$x \in L, x' \in U$ ならば，x は A の上界でないから，$x < a$ なる $a \in A$ があるが，x' は A の上界なのだから $a \leq x'$ であり，$x < x'$．よって，(L, U) は ℝ の切断．ゆえに，定理 5.1 より，L の最大元か U の最小元が存在する．

　しかし，上の $x < a$ に対して，$x < y < a$ なる y を選べば，$y \in L$．なぜなら，さもなければ $y \in U$ (A の上界) であるが，これは $y < a$ に反する．よって，L は最大元を持たない．ゆえに，U の最小元が存在し，この最小の上界が，定義より上限である．　　　　□

---

[2] 小平 [1] の第 1 章「実数」では，これを初学者向けに丁寧に実行している．

上の定理 5.2 で符号を変えれば直ちにわかるように，下に有界な部分集合 $B \subset \mathbb{R}$ には下限 $\inf B \in \mathbb{R}$ が存在する．また，順序集合の一般論から，上限 (下限) の存在は一意である．

5.1.2　実数列の極限

実数の連続性にまた別の見方を与えるため，数列の収束の概念を定義する．

定義 5.1　実数列の収束と極限　　実数の集合 $\{a_n\}_{n \in \mathbb{N}}(\subset \mathbb{R})$ を実数列，または単に数列と言う (誤解のおそれがなければ $\{a_n\}$ と略記する)．この数列 $\{a_n\}$ が $n \to \infty$ のとき $a \in \mathbb{R}$ に収束するとは，任意の $\varepsilon > 0$ に対してある自然数 $N = N(\varepsilon)$ が存在して，任意の自然数 $n \geq N$ について $|a_n - a| \leq \varepsilon$ が成立すること．これを記号で

$$n \to \infty \text{ のとき } a_n \to a, \text{ または，} \lim_{n \to \infty} a_n = a$$

のように書き，a を $\{a_n\}$ の極限，または極限値と言う．

この定義の言葉遣いについては，第 0.2.2 項の解説と，全称命題と存在命題の例に関する第 2.2.3 項を参考にされたい．なお，ここで $N(\varepsilon)$ と書いたのは，N が各 ε に応じて決まることを強調するためである．

もちろん，数列は収束しない場合もある．演習問題の形で整理しておこう．

演習問題 5.1　実数列の発散と振動

実数列 $\{a_n\}_{n \in \mathbb{N}}$ がある実数に収束しない場合には 2 通りがある．

1 つは，十分大きな n について a_n がいくらでも大きい場合で，この数列は無限大に発散する，と言い，$n \to \infty$ のとき $a_n \to \infty$ と書く．また，$\{-a_n\}$ が無限大に発散するときは，負の無限大に発散すると言い，同様に $a_n \to -\infty$ と書く．もう 1 つはこれら以外の場合で，$\{a_n\}$ は振動する，と言う．

無限大に発散することを厳密に定義せよ (ヒント：例 2.7 と 2.8)．また，無限大に発散する数列の例，振動する数列の例をそれぞれ挙げよ．

これに対して，ある状況においては数列が必ず収束する，という性質が，実

数の連続性のまた別の述べ方になる．その典型例が以下の定理である．

> **定理 5.3　単調列の収束**　上に有界な数列 $\{a_n\}_{n\in\mathbb{N}}$ が任意の n について $a_n \leq a_{n+1}$ を満たすならば，$n \to \infty$ のとき上限 $\sup\{a_n\}$ に収束する．

任意の n について $a_n \leq a_{n+1}$ である $\{a_n\}$ を単調増大列と言うので，上に有界な単調増大列はその上限に収束するわけである．無論，任意の n について $a_n \geq a_{n+1}$ であるような単調減少列も，下に有界ならば下限に収束する．

証明　$\{a_n\}$ は上に有界な部分集合だから上限 $a = \sup\{a_n\} \in \mathbb{R}$ が存在する（定理 5.2）．この a と与えられた $\varepsilon > 0$ に対し，$a - \varepsilon < a_N \leq a$ となる番号 N が存在する．なぜなら，もしこのような N が存在しないなら，すべての n について $a_n \leq a - \varepsilon < a$ となって，a が $\{a_n\}$ の上限であることに反する．

$\{a_n\}$ は単調増大列だったから，この N に対し，任意の $n \geq N$ について $a - \varepsilon < a_n \leq a$，よって $|a_n - a| \leq \varepsilon$ である．$\varepsilon > 0$ は任意だったから，これは $\{a_n\}$ が a に収束することに他ならない．　□

また別の数列のタイプを導入しよう．任意の $\varepsilon > 0$ に対してある自然数 $N = N(\varepsilon)$ が存在して，任意の 2 つの自然数 $n, m \geq N$ について $|a_n - a_m| \leq \varepsilon$ となるとき，数列 $\{a_n\}$ はコーシー列であると言う．

数列の収束の定義にはその極限の値が必要だった．一方，コーシー列の定義には極限値そのものは含まれていないことに注意せよ．おかげでコーシー列の性質は，数列の収束の判定にも使える．

このコーシー列が収束するという性質も実数の連続性のまた 1 つの述べ方で，このことを「実数の完備性」と言う．コーシー列の概念およびこの完備性はのちに一般化され，重要な役割を果たす．

> **定理 5.4　コーシー列の収束**　実数のコーシー列は収束する．

この証明は初学者にとってはかなり難しいが，実数の本質と実数列の収束に関するエッセンスとテクニックが詰まった議論である．

証明　証明は 3 段階に分かれる．まず，コーシー列が有界であることを示す．

$\{a_n\}$ がコーシー列ならば，任意の $\varepsilon > 0$ に対して，ある $N = N(\varepsilon)$ が存在して，任意の $n, m \geq N$ について $|a_n - a_m| \leq \varepsilon$ なのだった．ここで特に $\varepsilon = 1$ と選ぶと，ある番号 N_0 が存在して任意の $n, m \geq N_0$ について $|a_n - a_m| \leq 1$.

ここで特に $m = N_0$ としてもよいから，$|a_n - a_{N_0}| \leq 1$. よって，N_0 以降のすべての n については，$a_{N_0} - 1 \leq a_n \leq a_{N_0} + 1$ だから有界である．また，N_0 より手前の n については，$\{a_1, \ldots, a_{N_0-1}\}$ は有限集合だから，もちろん有界．よって，$\{a_n\}_{n \in \mathbb{N}}$ 全体も有界．

次に，この有界性から，コーシー列の極限先の候補の存在を示す．

$\{a_n\}_{n \in \mathbb{N}}$ の m 番目以降の数列を $\{a_n\}_{n \geq m}$ と書くと，これも有界だから上限が存在する．よって，別の数列 $\{b_m\}_{m \in \mathbb{N}}$ が，$b_m = \sup\{a_n\}_{n \geq m}$ で定義できる．$\{a_n\}_{n \geq m+1} \subset \{a_n\}_{n \geq m}$ だから，$\{b_m\}$ は単調減少列であることに注意せよ．しかも，$\{b_m\}$ は有界だから，定理 5.3 より，その下限に収束する．これを $b = \inf\{b_m\}$ と書こう．

最後に，$\{a_n\}$ がこの b に収束することを示す．まず，$\{a_n\}$ がコーシー列であることから，任意の ε に対し，ある番号 N_1 が存在して，任意の $n, m \geq N_1$ について $|a_n - a_m| \leq \varepsilon$.

一方，b_n は n 番目より先の $\{a_l\}_{l \geq n}$ の上限だったから，上と同じ ε に対し，$b_n - \varepsilon \leq a_{n_0} \leq b_n$ となるような番号 $n_0 \geq n$ がある．実際，もしこのような番号がなく常に $a_l < b_n - \varepsilon$ ならば b_n が上限であることに反する．よって，$|a_{n_0} - b_n| \leq \varepsilon$.

さらに，$\{b_n\}$ が b に収束することより，また同じ $\varepsilon > 0$ に対し，ある番号 N_2 が存在して，任意の $n \geq N_2$ について $|b_n - b| \leq \varepsilon$.

以上 3 つの不等式より，N_1, N_2 の両方より大きい N をとれば，任意の $n \geq N$ について，上のような $n_0 \geq n$ があって，

$$|a_n - b| = |(a_n - a_{n_0}) + (a_{n_0} - b_n) + (b_n - b)|$$
$$\leq |a_n - a_{n_0}| + |a_{n_0} - b_n| + |b_n - b| \leq \varepsilon + \varepsilon + \varepsilon = 3\varepsilon$$

が三角不等式から成り立つ [3](定義 4.10，例 4.16). よって，任意の $\varepsilon' > 0$ に

---

[3] このように足し引きで項を増やして三角不等式を適用するテクニックを，「望遠鏡和」("telescope sum") と言う．

対し, $\varepsilon = \varepsilon'/3$ とおいて上のように N を選べば[4), 任意の $n \geq N$ について $|a_n - b| < \varepsilon'$. ゆえに, $\{a_n\}$ は b に収束する. □

　この定理の逆に, 収束する数列がコーシー列であることは簡単に示せるから (以下の演習問題), 実数列の収束とコーシー列であることは同値である.

演習問題 5.2　収束列はコーシー列

　実数列 $\{a_n\}$ が収束するならば, コーシー列であることを証明せよ.

　(ヒント：$|a_n - a_m| \leq |a_n - a| + |a - a_m|$. (答は定理 6.4 の証明))

5.2　実数の部分集合

5.2.1　ε 近傍と部分集合の性質

　実数列は実数全体の集合 ℝ の部分集合の例だった. 本節では ℝ の一般の部分集合の性質を考えよう. ℝ は数としての構造や幾何学的な構造を持つ集合なので, その元を「値」や「点」と呼ぶことが多い.

　さて, 我々がよく知っている ℝ の部分集合の例に, 開区間と閉区間がある (例 1.4). この 2 つの集合の違いは端点を含むか含まないかだけだが, これは些細に見えて重大な差である.

　この開区間と閉区間の「位相」的な性質の違い, 特に端点附近での性質の差をきちんと数学の言葉で述べるには, 色々なアプローチがあるが, 本書では以下の単純な道具で始めよう.

定義 5.2　ℝ での ε 近傍　実数 x と $\varepsilon > 0$ に対し, 開区間 $(x - \varepsilon, x + \varepsilon)$ のことを, x の ε 近傍と言い, 記号で $B_\varepsilon(x)$ と書く.

　ε 近傍は単なる開区間だが, 極限の概念を整理するのに便利で, 喩えて言えば, 顕微鏡のようにある点に焦点をあててその周りを調べるツールである. また, のちの抽象化にも威力を発揮する.

　まず, ε 近傍を使う練習として, どちらも可算無限集合である ℕ と ℚ との違いを調べてみよう. そのため, 以下の概念を導入する.

[4) 通常, この手続きを綺麗に見せるため, そもそも $\varepsilon/3$ で各不等式を評価しておき, 最後の不等式を $\leq \varepsilon/3 + \varepsilon/3 + \varepsilon/3 = \varepsilon$ とするのが「作法」だが, 初学者のためあえてくどく書いた.

> **定義 5.3　孤立点, 集積点**　$\mathbb{R}$ の部分集合 A に対し, $a \in A$ が A の孤立点であるとは, ε 近傍 $B_\varepsilon(a)$ が a 以外に A の点を含まないような $\varepsilon \in \mathbb{R}$ が存在すること. また, $x \in \mathbb{R}$ が A の集積点であるとは, 任意の $\varepsilon > 0$ について ε 近傍 $B_\varepsilon(x)$ が x 以外の A の点を含むこと.

定義より, 孤立点と集積点の概念は相補的であることに注意せよ. つまり, $a \in A$ ならば a は A の孤立点か集積点のどちらか一方である.

> **例 5.1　自然数と有理数**　自然数全体 $\mathbb{N} \subset \mathbb{R}$ の点はどれも孤立点. 実際, $\varepsilon = 1/2$ ととれば, 任意の $n \in \mathbb{N}$ について $B_{1/2}(n) = (n-1/2, n+1/2)$ に含まれる自然数は n のみ.
> 　一方, 有理数全体 $\mathbb{Q} \subset \mathbb{R}$ の点はどれも集積点. 実際, どんな $\varepsilon > 0$ と $q \in \mathbb{Q}$ についても $B_\varepsilon(q) = (q - \varepsilon, q + \varepsilon)$ は q 以外の有理数を含む.

> **例 5.2**　　$A = \{1/n\}_{n \in \mathbb{N}} \cup \{0\}$ について, $0 \in A$ は集積点. 実際, 任意の $\varepsilon > 0$ について, $N > 1/\varepsilon$ なる自然数 N をとれば, $0 < 1/N < \varepsilon$ だから, $B_\varepsilon(0) = (-\varepsilon, \varepsilon)$ は 0 でない A の点 $1/N$ を含む.
> 　また, 0 以外の点はすべて孤立点. 実際, $1/n$ に対し, $0 < \varepsilon < 1/n - 1/(n+1)$ であるように $\varepsilon \in \mathbb{R}$ を選べば, $B_\varepsilon(1/n)$ は $1/n$ 以外の点を含まない.

次は区間の「中の点」,「外の点」,「端点」の概念を ε 近傍を用いて, 厳密な言葉で一般化しよう.

> **定義 5.4　$\mathbb{R}$ での内点, 外点, 境界点**　$\mathbb{R}$ の部分集合 A に対し, $a \in A$ が A の内点であるとは, ある $\varepsilon > 0$ について $B_\varepsilon(a) \subset A$ となること. A の内点すべての集合を A の内部と言い, 記号で A° と書く.
> 　また, $p \in \mathbb{R}$ が A の外点であるとは, $A^c = \mathbb{R} \setminus A$ の内点であること. A の外点すべての集合を A の外部と言い, 記号で A^e と書く.
> 　また, $b \in \mathbb{R}$ が A の境界点であるとは, 任意の $\varepsilon > 0$ に対し, $B_\varepsilon(b)$ が

A の点と A^c の点の両方を含むこと. A の境界点すべての集合を A の境界と言い, 記号で ∂A と書く.

さらに, A の内点と境界点をあわせて触点と言う. A の触点全体, すなわち内部と境界の和集合を A の閉包と言い, 記号で $\overline{A}$ と書く.

定義より, 内点, 外点, 境界点の概念が相補的であることに注意せよ. すなわち, $x \in \mathbb{R}$ は $A \subset \mathbb{R}$ に対し, このうちのいずれか 1 つである. さらに詳しく, A の点は A の内点か境界点のいずれか一方である. ただし, 逆に境界点が A の点とは限らない.

これらの概念を理解するため, いくつか例を見てみよう.

例 5.3 開区間と閉区間 実数 $a < b$ に対し開区間 (a, b) の点はどれも内点である. 実際, 任意の $x \in (a, b)$ に対し, $\varepsilon = \min\{x - a, b - x\}$ とおけば ($\min\{\cdot, \cdot\}$ は 2 つの実数の大きくない方), $B_\varepsilon(x) \subset (a, b)$.

また, その端点 a, b は境界点であり, $\{a, b\}$ が境界. 実際, 任意の $\varepsilon > 0$ について, $(a - \varepsilon, a + \varepsilon)$ は (a, b) の点と ($x \in (a, a + \varepsilon)$ を選べばよい), $(a, b)^c$ の点 ($y \in (a - \varepsilon, a]$ を選べばよい) を常に含む. よって a は境界点. b も同様. したがって, 開区間 (a, b) の内部はそれ自身, 閉包は閉区間 $[a, b]$. また, 外部は $(-\infty, a) \sqcup (b, \infty)$.

同様にして, 閉区間 $[a, b]$ についても, $[a, b]^\circ = (a, b), \partial[a, b] = \{a, b\}$, 閉包はそれ自身で, $\overline{[a, b]} = [a, b]$. また, 外部は開区間と同じく $(-\infty, a) \sqcup (b, \infty)$.

例 5.4 $\mathbb{R}$ 全体 ($\mathbb{R}$ の部分集合として)$\mathbb{R}$ はどの点も内点. 境界点は存在せず $\partial \mathbb{R} = \emptyset$. また, $\overline{\mathbb{R}} = \mathbb{R}$. 外部は存在しない ($\mathbb{R}^e = \emptyset$).

例 5.5 1 点集合 ある点 $a \in \mathbb{R}$ のみからなる集合 $A = \{a\} \subset \mathbb{R}$ に対し, a は境界点. 実際, 任意の $\varepsilon > 0$ に対し, $B_\varepsilon(a)$ は a に等しくない点 $x \in B_\varepsilon(a)$ を持つ. 一方, 任意の実数 $x \neq a$ について, $\varepsilon = |x - a|$ と選べば $B_\varepsilon(x) \subset A^c$ だから, x は A の外点.

つまり，一点集合は 1 つの境界点だけからなり，内点は存在しない．
$A^\circ = \emptyset, \partial A = A, \overline{A} = A$. また，$A^e = A^c$.

おそらく初学者にとって以下の例は，「内点」や「境界点」という言葉のイメージを裏切るものだろう．有理数のこの性質は格別に重要である[5]．

例 5.6　有理数　有理数全体 $\mathbb{Q} \subset \mathbb{R}$ はどの点も境界点であるばかりか，任意の無理数も境界点，つまりその境界は実数全体（$\partial \mathbb{Q} = \mathbb{R}$）．

実際，任意の $r \in \mathbb{R}$ について，どんなに小さく $\varepsilon > 0$ を選んでも，$p, q \in B_\varepsilon(r)$ となる $q \in \mathbb{Q}$ と，$p \in \mathbb{Q}^c$ がある．よって，内点も外点も存在せず（$\mathbb{Q}^\circ = \mathbb{Q}^e = \emptyset$），閉包は実数全体（$\overline{\mathbb{Q}} = \mathbb{R}$）．

5.2.2　開集合と閉集合

上の内点の概念を用いて，開区間と閉区間の一般化である開集合と閉集合を以下のように定義する．

定義 5.5　$\mathbb{R}$ での開集合と閉集合　部分集合 $E \subset \mathbb{R}$ が開集合であるとは，その任意の点 $x \in E$ が内点であること．また，$F \subset \mathbb{R}$ が閉集合であるとは，その補集合 $F^c = \mathbb{R} \setminus F$ が開集合であること．

いくつか例を挙げて，開集合と閉集合の概念を確認しよう．上の内点，外点，境界点の例 5.3 から 5.6 と対応しているので，見比べていただきたい．

例 5.7　開区間と閉区間　実数 $a < b$ に対し開区間 (a, b) は，そのすべての点が内点だったから開集合．同様に，$(-\infty, a)$ や (a, ∞) も開集合．

また，閉区間 $[a, b]$ の補集合 $(-\infty, a) \sqcup (b, \infty)$ は開集合なので，$[a, b]$ は閉集合．同様にして，$(-\infty, a]$ や $[a, \infty)$ も閉集合．

---

[5] この「有理数のいくらでも近くに無理数があり，無理数のいくらでも近くに有理数がある，という性質は，数の演算，十進法表示，数直線の概念から我々は「よく知っている」としているのだが，厳密には，（例えば）有理数の切断によって実数を定義することから証明される．

例 5.8   **ℝ 全体と空集合**   ℝ はどの点も内点だったから，開集合．よって，空集合 $\emptyset \subset \mathbb{R}$ はその補集合 $\emptyset^c = \mathbb{R}$ が開集合だから，閉集合．

しかし，この逆に ℝ は閉集合でもあり，$\emptyset$ は開集合でもある．なぜなら，$\emptyset$ はそもそも元を持たないので，自明に開集合の条件を満たす．

例 5.9   **1 点集合**   1 点集合 $A = \{a\} \subset \mathbb{R}$ は開集合ではない．なぜなら，どんな $\varepsilon > 0$ についても $B_\varepsilon(a)$ が A に包含されることはありえない．しかし，A は閉集合．実際，任意の $x \in A^c$ に対し，$\varepsilon = |x - a|$ と選べば，$B_\varepsilon(x) \subset A^c$ だから A^c は開集合．同様に，有限個の点からなる集合 $A' = \{a_1, \ldots, a_n\}$ も閉集合であって，開集合ではない．

例 5.10   **有理数**   有理数全体 $\mathbb{Q} \subset \mathbb{R}$ は内点を持たないので開集合ではないし，$\mathbb{Q}^c$ が内点を持たないことより，閉集合でもない．無理数全体についても同様に，開集合でも閉集合でもない．

定義と以上の例からもわかるように開集合とは，直観的に言えば，「ふちのない，内側ばかりの」集合である．一方，閉集合はその補集合だから，「ふちのある」集合であるが，これは数列の極限の言葉でも言い換えられる．

定理 5.5   **閉集合と数列の極限**   集合 $F \subset \mathbb{R}$ が閉集合であることは，F に含まれる数列が極限を持てばその極限も F の元であることと同値．

証明 F が空集合または ℝ 全体の場合は自明な主張なので，以下では F も F^c も空集合でないとする．

まず，$\{a_n\}_{n \in \mathbb{N}}$ を閉集合 F に含まれる数列で極限 $a \in \mathbb{R}$ を持つと仮定して，$a \in F$ を示そう．

F^c は開集合だから，もし $a \in F^c$ ならば，ある $\varepsilon > 0$ が存在して，$B_\varepsilon(a) \subset F^c$．しかし，$\{a_n\}$ が a に収束することより，この $\varepsilon > 0$ に対して，ある番号 N が存在して任意の $n \geq N$ について $|a - a_n| < \varepsilon$, すなわ

ち $a_n \in B_\varepsilon(a)$. これは a_n が F の元であることに矛盾. よって, $a \in F$.

次は逆に, F に含まれる任意の収束する数列について, その極限が F の元であると仮定して, F が閉集合であることを示そう.

このとき, どの点 $x \in F^c$ についても, F の元からなる数列の極限ではないことより, $B_\varepsilon(x) \subset F^c$ となる $\varepsilon > 0$ が存在する. なぜなら, もし, いかなる $\varepsilon > 0$ についても $B_\varepsilon(x) \cap F \neq \emptyset$ ならば, $\varepsilon = 1/n$ に対してここから元 a_n を選ぶことで, x に収束する F の数列 $\{a_n\}$ が作れてしまう. よって F^c は開集合であり, ゆえに F は閉集合. □

上の定理の「極限を持てば」という仮定に注意せよ. もちろん, 任意の数列が極限を持つことは期待できない. 例えば, 閉集合でも有界でなければ, 正か負の無限大に向けて進んでいく数列があるし, 有界でも, 異なる 2 点を往復する数列 $a, b, a, b, \ldots$ は極限を持たない.

しかし, 有界性を課し, さらに収束の意味を弱めて, 数列 $\{a_n\}_{n \in \mathbb{N}}$ が収束しなくても, その数列に含まれる部分列 $\{a_{m(n)}\}_{n \in \mathbb{N}} (\subset \{a_n\}_{n \in \mathbb{N}})$ で収束するものがある, とすれば意味のある主張ができることを以下に注意しておく.

注意 5.1　ボルツァノ-ワイエルシュトラスの定理　上の方針を一歩進めて, 実は以下の定理が言える.

　定理 PC: $\mathbb{R}$ の部分集合 F が有界な閉集合であることと, F に含まれる任意の数列が F の元に収束する部分列を持つことは同値

　この主張で証明が難しい部分は, 以下の「ボルツァノ-ワイエルシュトラスの定理」である.

　定理 BW : $\mathbb{R}$ の有界な数列は収束する部分列を持つ

　ボルツァノ-ワイエルシュトラスの定理は実数の深い性質であり, その証明はやさしくないが, もし初等的に示すならば, ほとんど実数の公理に等しい「区間縮小法」などを用いて証明することになる.

　部分集合 F に対し, 「F に含まれる任意の点列が F の元に収束する部分列を持つ」という性質は「点列コンパクト性」と呼ばれている. 本書では, 点列コンパクト性を直接には扱わないが, のちに導入する「コンパクト性」の性質を調べる中で, 定理 PC の一般化が間接的に示される.

5.2.3 コンパクト性

集合の重要な性質をもう 1 つ挙げよう．まず，いくつか言葉を用意する．$\mathbb{R}$ の部分集合の集合族 $\mathcal{B} = \{B_\lambda\}_{\lambda \in \Lambda}$ の和集合が集合 E を含むとき $(E \subset \bigcup_{\lambda \in \Lambda} B_\lambda)$，$\mathcal{B}$ を E の「被覆」と言う．特に，各 B_λ がすべて開集合である場合は「開被覆」と言い，添え字集合 Λ が有限集合の場合は「有限被覆」と言う．

> **定義 5.6　コンパクト性**　部分集合 $C \subset \mathbb{R}$ に対し，C の任意の開被覆が $(C$ の) 有限被覆を部分集合に持つとき，C はコンパクト集合である，コンパクト性を持つ，コンパクトである，などと言う.

開被覆はとにかく開集合の族で覆ってさえいればよいので，無限集合族はもちろん，どんな複雑な族でもありえる．しかし，それがなんであっても，そのうちの有限個の開集合だけで既に覆えている，という性質がコンパクト性である．

コンパクト性はややわかり難い概念なので，いくつか簡単な例を挙げておく.

> **例 5.11　有界でない集合はコンパクトでない**　有界でない集合 $A \subset \mathbb{R}$ に対し，開区間の無限集合族 $\{(-n, n)\}_{n \in \mathbb{N}}$ はその開被覆．しかし，ここからどんな有限部分集合をとっても，その和集合はある開区間 $(-N, N)$ だが，A は有界でないのでこれに含まれない.

> **例 5.12　開区間はコンパクトでない**　開区間 $(0, 1)$ に対し，開区間の無限集合族 $\{(1/n, 1)\}_{n \in \mathbb{N}}$ はその開被覆．実際，任意の $a \in (0, 1)$ は十分大きく n をとれば $a \in (1/n, 1)$ だから，$(0, 1) \subset \bigcup_{n \in \mathbb{N}}(1/n, 1)$．しかし，ここからどんな有限部分集合をとっても，その和集合はある開区間 $(1/N, 1)$ だが，$0 < x < 1/N$ であるような $x \in (0, 1)$ はこれに含まれない.

> **例 5.13　有限集合はコンパクト**　有限個の点 $\{a_1, \ldots, a_n\}$ はコンパクト．実際，この任意の開被覆 $\{O_\lambda\}_{\lambda \in \Lambda}$ に対し，ここから，各 $a_i \, (i = 1, \ldots, n)$ を含む $O_i \, (i = 1, \ldots, n)$ を 1 つずつ選べば，$\{a_1, \ldots, a_n\} \subset \bigcup_{i=1}^{n} O_i$.

例 5.14　収束列と極限　$A = \{1/n\}_{n \in \mathbb{N}} \cup \{0\}$ はコンパクト. この任意の開被覆 $U = \{O_\lambda\}_{\lambda \in \Lambda}$ に対し, $0 \in A$ を含む開集合を U から 1 つ選んで O とする. O は開集合だから, ある $\varepsilon > 0$ が存在して, ε 近傍 $B_\varepsilon(0)$ を包含する. 数列 $\{1/n\}$ は 0 に収束するから, ある番号 N より先のすべての $n > N$ について, $1/n \in B_\varepsilon(0)$. よって, $B_\varepsilon(0)$ に含まれない A の元は高々有限個しかない. この有限個の点 $1, 1/2, \ldots, 1/N$ をそれぞれ含む開集合 $O_1, O_2, \ldots, O_N$ を U から選ぶと, $A \subset O \cup \bigcup_{i=1}^{N} O_i$.

しかし, 0 を除いた $A' = \{1/n\}_{n \in \mathbb{N}}$ はコンパクトでない. 実際, $A' \subset \{(1/n, 2)\}_{n \in \mathbb{N}}$ だが, ここから有限個を選んで A' を覆えない.

これらの例から想像されるように, $\mathbb{R}$ でのコンパクト性は「有界かつ閉集合」であることと同値である. のちにこれを一般的な枠組みで述べ直して証明することになるので, ここでは以下の注意を与えておくにとどめておく.

注意 5.2　ハイネ-ボレルの被覆定理　$\mathbb{R}$ でのコンパクト性と有界かつ閉集合であることの同値性, または, より証明が難しい片側「有界な閉集合はコンパクト」(または, さらに「閉区間はコンパクト」) の主張は,「ハイネ-ボレルの被覆定理」と呼ばれる古典的な結果である.

しかし, コンパクト性が無駄な概念であるわけではない. むしろ, 実数の部分集合の性質の研究の中から, より一般の空間における重要な位相的性質としてのコンパクト性が抽出されたのである.

なお, 前項の最後に, 有界かつ閉集合であること点列コンパクト性が同値であることを注意したので (注意 5.1), $\mathbb{R}$ において「有界かつ閉集合」とコンパクト性と点列コンパクト性の 3 つは同値であることになる. 本書では, このうち点列コンパクト性は直接には扱わないが, のちにこれらの同値性を一般的な枠組みで証明する.

5.3　実数上の関数

5.3.1　$\mathbb{R}$ 上の関数の連続性

本節では特に, 実数の区間 I 上で定義された実数値の写像 $f : I(\subset \mathbb{R}) \to \mathbb{R}$

の性質を考える。このような具体的な設定の写像は「関数」と呼ぶことが多い。実数上の関数は理論的にも応用上も頻繁に現れる重要な対象である。

さて、関数 $f : I \to \mathbb{R}$ の、ある点 $a \in I$ での値 $f(a)$ が知りたいが、直接この値を得ることが困難だとしよう。この場合の典型的な調べ方は「近似」である。つまり、a に近い点 a' の値 $f(a')$ でもって $f(a)$ を代用する。

しかし、この近似が意味を持つためには、「a と a' が十分に近ければ $f(a)$ と $f(a')$ も近い」ということが f の性質として成立している必要がある。これを保証するのが以下の「連続性」の概念である。

定義 5.7　関数の連続性　区間 I 上の関数 $f : I \to \mathbb{R}$ が点 $a \in I$ で連続であるとは、任意の $\varepsilon > 0$ に対し、ある $\delta \in \mathbb{R}$ が存在して、$|x - a| < \delta$ であるような任意の $x \in I$ について、$|f(x) - f(a)| < \varepsilon$ が成り立つこと。

また、区間 I のすべての点で f が連続であるとき、f は I で連続である、または単に f は連続である、連続関数である、などと言う。

このいわゆる「ε-δ 論法」のこころを繰り返せば、「どのように高い精度 (小さな ε) を要求されても、a に十分近い範囲 (小さな δ) の点での値は、要求された精度で $f(a)$ に近い」ということである。

この連続性は、高校数学では極限を用いて、「$x \to a$ ならば $f(x) \to f(a)$ であること」と定義したのだった。今や我々は数列の極限の正確な定義を知っているので (定義 5.1)、関数の値の極限も以下のように厳密に定義する。

定義 5.8　関数の値の極限　区間 I 上の関数 $f : I \to \mathbb{R}$ と $a \in I$ に対し、$x \to a$ のとき $f(x)$ が $\alpha \in \mathbb{R}$ に収束する (または α が極限 (値) である、記号で $f(x) \to \alpha$ または $\lim_{x \to a} f(x) = \alpha$) とは、任意の $\varepsilon > 0$ に対し、ある $\delta \in \mathbb{R}$ が存在して、$|x - a| < \delta$ であるような任意の $x \in I$ について $|f(x) - \alpha| < \varepsilon$ が成り立つこと。

この定義を用いて高校流の「定義」を正確に書いたものが、関数の連続性の定義 5.7 だったわけである。

関数の連続性の定義 5.7 をさらに ε 近傍の言葉で言い換えると、「任意の $\varepsilon > 0$

に対して，ある δ が存在して，$x \in B_\delta(a)$ ならば $f(x) \in B_\varepsilon(f(a))$ になる」
となる．このほぼ自明な言い換えは，抽象的な位相空間の間の写像にまで連続
性の概念を一般化するヒントを与えてくれる．ポイントは ε 近傍が開集合であ
ることである．実は，以下が成り立つ．

> **定理 5.6　関数の連続性と開集合**　　開区間 I 上で定義された関数 $f : I \to \mathbb{R}$
> が I で連続であることと，任意の開集合 $U \subset \mathbb{R}$ の逆像 $f^{-1}(U) \subset I$ が開
> 集合であることは同値．

(ここで I を特に開区間としたのは，逆像に端点が含まれることを避けるため)
証明　　まず，f による任意の開集合の逆像もまた開集合であると仮定して，f の
連続性を示そう．任意の $a \in I$ と任意の $\varepsilon > 0$ に対し，$B_\varepsilon(f(a))$ は開集合だ
から，この f による逆像も (a を含む) 開集合である．よって，この逆像に包含
されるような $B_\delta(a)$ がとれる．任意の $x \in B_\delta(a)$ について，$f(x) \in B_\varepsilon(f(a))$
であるから，f は a において連続．よって f は I 上で連続．

　次は逆に，f の連続性を仮定して，任意の開集合 U の逆像が開集合であるこ
とを示そう．$f^{-1}(U) = \emptyset$ なら既に示すべきことはないから，空でない $f^{-1}(U)$
の任意の元 a について，$B_\varepsilon(a) \subset f^{-1}(U)$ となる $\varepsilon > 0$ が存在することを言
えばよい．

　$f(a) \in U$ と，U が開集合であることより，ある $\varepsilon' > 0$ が存在して
$B_{\varepsilon'}(f(a)) \subset U$．一方，$f$ が連続であることより，この ε' に対してある δ
が存在して，任意の $x \in B_\delta(a)$ について $f(x) \in B_{\varepsilon'}(f(a))$．すなわち，
$B_\delta(a) \subset f^{-1}(B_{\varepsilon'}(f(a))) \subset f^{-1}(U)$．よって，$\varepsilon = \delta$ とおけばよい．　□

> **注意 5.3　各点での連続性と逆像**　　上の定理は各点ごとの連続性に関する
> 主張ではない．上の証明を吟味するとわかるように，$f(p)$ を含む任意の
> 開集合 V について $f^{-1}(V)$ が開集合ならば f はこの点 p で連続だが，
> この逆向きの主張，「f が点 p で連続ならば $f(p)$ を含む任意の開集合 V
> について $f^{-1}(V)$ も開集合」は一般には正しくない．
>
> 　例えば，関数 $f : \mathbb{R} \to \mathbb{R}$ を $-1 \leq x \leq 1$ のとき $f(x) = 0$，それ以外
> では $f(x) = 1$ と定義すると，f は $x = 0$ で連続だが，$f(0) = 0$ の近傍

$V = (-1/2, 1/2)$ の逆像は $f^{-1}(V) = [-1, 1]$ となって開集合ではない.

5.3.2 関数が連続である例，ない例

次の例がもっとも簡単な，(ある点で) 連続でない関数の例だろう.

例 5.15　ヘヴィサイド関数　$x > 0$ のとき $H(x) = 1$, $x < 0$ のとき $H(x) = 0$ である関数 $H(x) : \mathbb{R} \to \mathbb{R}$ をヘヴィサイド関数と言う. $H(x)$ は $x \neq 0$ では連続だが，$x = 0$ での値 $H(0) = c$ がなんであっても $x = 0$ で連続ではない. (練習：ε 近傍，極限，開集合の逆像それぞれで確認せよ)

通常，初学者が思い浮かべる「連続でない」関数は，上の例のように，どこかで「跳び (ジャンプ)」がある関数や，それがあちこちにある関数だろう. しかし，以下の例のように，すべての点で連続でない関数もありうる.

例 5.16　$x \in \mathbb{Q}$ ならば 1, $x \notin \mathbb{Q}$ ならば 0 と定めた関数 $1_{\mathbb{Q}}(x) : \mathbb{R} \to \mathbb{R}$ はどの点 x においても連続でない. 実際，任意の $\delta > 0$ に対し $B_\delta(x)$ は有理数と無理数の両方の値を含むから，その像は常に $\{0, 1\}$. よって，$0 < \varepsilon < 1$ に対し，任意の $x \in B_\delta(x)$ について $|1_{\mathbb{Q}}(x) - 0| < \varepsilon$ となることも，$|1_{\mathbb{Q}}(x) - 1| < \varepsilon$ となることもない. (練習：極限の言葉で確認せよ)

上のような例からは，「連続関数とは『跳び』がない関数」だと考えたくなる. しかし，「跳び」の直観では捉えられない例が以下のように存在し，このような場合には抽象的で厳密な定義が威力を発揮する.

例 5.17　トポロジストのサインカーヴ　第 0 章の演習問題 0.1 の「トポロジストのサインカーヴ」$f(x)$ は $x = 0$ において連続ではない.
　実際，任意の $\delta > 0$ について $B_\delta(0) = (-\delta, \delta)$ の像 $f(B_\delta(0))$ は $[-1, 1]$ だから，十分小さな $\varepsilon > 0$ に対しては，どう δ をとっても，$|x - 0| < \delta$ ならば $|f(x) - f(0)| = |f(x)| < \varepsilon$ とは言えない.

演習問題 5.3
　上の例によく似た以下の関数 $g(x)$ は $x = 0$ で連続だろうか.

$$g(x) = \begin{cases} x\sin(1/x), & (x \neq 0 \text{ のとき}) \\ 0, & (x = 0 \text{ のとき}) \end{cases}$$

以下の例も，自明でない連続/不連続関数としてしばしば挙げられる．あえて証明はつけないが，初学者はじっくり取り組んでみると面白いだろう.

例 5.18　　以下の $f : \mathbb{R} \to \mathbb{R}$ は，$x \in \mathbb{Q}$ で不連続，$x \in \mathbb{Q}^c$ で連続.

$$f(x) = \begin{cases} 1/q, & (x = p/q \text{ (既約分数で } q > 0) \text{ のとき}) \\ 0, & (x \in \mathbb{Q}^c \text{ のとき}) \end{cases}$$

5.3.3　$\mathbb{R}$ 上の関数の最大値/最小値

　関数についてもっとも知りたい性質はしばしば，どこで最大値や最小値をとるか，また，その値は何かである．しかしその前に，そもそも最大値や最小値が存在するか，という問題がある.

　最大値 (最小値) とは，素朴に言えば，その関数のとりうる値の中でもっとも大きな (小さな) 値である．よって，値が正か負の方向にいくらでも大きくなっていく場合や，ある値に向けていくらでも大きく (小さく) なっていくが，その値自体はとれない場合には，最大値 (最小値) が「ない」ことになる.

　まず，最大値 (最小値) を厳密に定義しておこう.

定義 5.9　関数の最大値 (最小値)　　関数 $f : I \to \mathbb{R}$ が点 $a \in I$ で最大値 $f(a)$ をとるとは，任意の $x \in I$ について $f(x) \leq f(a)$ が成り立つこと．また，点 $a \in I$ で最小値 $f(a)$ をとるとは，任意の $x \in I$ について $f(a) \leq f(x)$ が成り立つこと.

---

　f の最小値は関数 $(-f) : x \mapsto -f(x)$ の最大値だから，最大値についてだけ議論しておけば十分である.

$f(I) \subset \mathbb{R}$ だから，関数の最大値はその像 $f(I)$ の最大値に他ならない．我々は既に実数の集合の性質をよく知っているから，以下のように少々の手間で，この $f(I)$ が有界かつ閉集合ならば最大値を持つことを示せる．

> **定理 5.7**   実数の上に有界な (空でない) 閉集合は最大値を持つ．

証明 $A \subset \mathbb{R}$ を上に有界な閉集合とすると，上限 $a = \sup A \in \mathbb{R}$ が存在する (定理 5.2)．上限の定義より，任意の自然数 n に対し $a - 1/n < a_n \leq a$ であるように単調な数列 $\{a_n\} \subset A$ がとれる．$\{a_n\}$ は上に有界な単調数列だから収束し (定理 5.3)，極限の定義よりその極限は a．A は閉集合だったからこの極限は A に属する (定理 5.5)．ゆえに a は A の最大値．   □

よって，問題はどんなときに $f(I)$ が有界閉集合になるかである．この問題に対して，「I が良い性質を持ち，かつ，f も良い性質を持てば，$f(I)$ も良い性質を持つだろう」と考えるのが自然なアプローチだろう．すなわち自然な期待は，以下の定理の主張である．

> **定理 5.8 最大値の定理**   有界な閉区間上の連続関数は最大値を持つ．

しかし，この定理の証明は見かけ以上に難しい (実際，標準的な証明ではボルツァノ-ワイエルシュトラスの定理 (注意 5.1) を必要とする)．のちにこの定理を一般化するので (定理 6.11)，証明は一般的な場合を待つことにしよう．

5.3.4 関数列の収束

関数 $f(x) : I \to \mathbb{R}$ のある点 a での値 $f(a)$ のみならず，関数の区間 I 全体での姿を近似したいこともある．それには，2 つの関数の間の「近さ」が定義されていなければならない．言い換えれば，近似関数の列 $f_n : I \to \mathbb{R}$ でもって，$n \to \infty$ のときにある意味で $f_n \to f$ となるようにしたい．そのためには，関数の列 $\{f_n\}_{n \in \mathbb{N}}$ の収束の概念が定義されている必要がある．

関数列のもっとも単純な収束概念は以下の各点収束だろう．つまり，各点ご

とに (実数列として) 収束していることである.

定義 5.10　関数列の各点収束　　関数の列 $f_n : I \to \mathbb{R}, (n \in \mathbb{N})$ が関数 $f : I \to \mathbb{R}$ に各点収束するとは, 各点 $x \in I$ ごとに実数列 $\{f_n(x)\}_{n \in \mathbb{N}}$ が実数 $f(x)$ に収束すること.

しかし, この各点収束は関数の良い性質をしばしば保たない. 例えば, 各 f_n が連続関数であるとき, その極限 f も連続関数であることを期待したいが, 以下のように各点収束ではこれが必ずしも成立しない.

例 5.19　連続関数の各点収束　　$f_n(x) : [0,1] \to \mathbb{R}$ を $f_n(x) = x^n$ で定義する. このとき, $x \in [0,1)$ ならば $f_n(x) \to 0$ であるし, $x = 1$ ならば $f_n(x) = 1^n = 1 \to 1$ である. よって f_n は, $x \in [0,1)$ のとき 0, $x = 1$ のとき 1 の値をとる関数 $f : [0,1] \to \mathbb{R}$ に各点収束している. ゆえに, f_n は $[0,1]$ 上の連続関数だが, f は $x = 1$ において連続でない.

各点収束では, 各点で無関係に収束していればよいだけなので, 連続性のような各点の「近所」での良い性質が保たれないのである. そこで, 区間全体において同じ「速さ」で収束していくという, より強い収束概念を考える.

定義 5.11　関数列の一様収束　　関数の列 $f_n : I \to \mathbb{R}, (n \in \mathbb{N})$ が関数 $f : I \to \mathbb{R}$ に一様収束するとは, 任意の $\varepsilon > 0$ に対してある自然数 N が存在して, すべての点 $x \in I$ において, 任意の $n \geq N$ について $|f(x) - f_n(x)| < \varepsilon$ となること.

各点収束においては, 各点ごとに異なる ε で収束していてよかったが, この一様収束ではすべての点での収束が同じ ε で同時に制御されていることが味噌である. 一様収束で連続性が保たれることを証明しておこう.

定理 5.9　一様収束と連続性　　連続関数の列 $f_n : I \to \mathbb{R}, (n \in \mathbb{N})$ が関数 $f : I \to \mathbb{R}$ に一様収束するならば, f も連続関数である.

証明　f_n が f に一様収束することより，任意の ε に対してある自然数 N が存在して，すべての $x \in I$ において，任意の $n \geq N$ について $|f(x) - f_n(x)| < \varepsilon$.

　この n について f_n が点 $a \in I$ で連続であることより，上と同じ ε に対して $\delta = \delta(n) \in \mathbb{R}$ が存在して，$|x - a| < \delta$ ならば $|f_n(a) - f_n(x)| < \varepsilon$.

　以上より，このような N, δ について，$|x - a| < \delta$ ならば，

$$
\begin{aligned}
|f(a) - f(x)| &= |(f(a) - f_n(a)) + (f_n(a) - f_n(x)) + (f_n(x) - f(x))| \\
&\leq |f(a) - f_n(a)| + |f_n(a) - f_n(x))| + |f_n(x) - f(x)| \\
&= \varepsilon + \varepsilon + \varepsilon = 3\varepsilon.
\end{aligned}
$$

　ゆえに任意の $\varepsilon' > 0$ に対して，$\varepsilon = \varepsilon'/3$ とおいて上のように N, δ を選べば，$|x - a| < \delta$ ならば $|f(a) - f(x)| < \varepsilon'$. つまり f は任意の $a \in I$ で連続. □

　この一様収束をもっとうまく記述できる言葉がある．それは関数全体の集合を距離空間だと考えることである．

　区間 I から実数 $\mathbb{R}$ への連続関数の全体のなす集合を $\mathcal{F}$ として，その 2 つの元 (2 つの関数) f, g の間の距離 d を，

$$
d(f, g) = \sup\{|f(x) - g(x)| : x \in I\}
$$

で定義する (練習：この d が距離の 3 条件を満たすことを確認せよ)．つまり，各点での f, g の差が一番広いときの幅である．すると，関数列 f_n が f に一様収束するとは，この距離のもとで，点列 $\{f_n\} \subset \mathcal{F}$ が点 $f \in \mathcal{F}$ に収束する，ということに他ならない．

　関数解析と呼ばれる分野ではこのように，ある性質を持つ関数全体の空間に色々な位相を考えることで，関数の性質を研究する．本書ではこれ以上は掘り下げないが，関数の値や関数列の極限の探究から位相の概念が立ち現れてきたことと，今でも密接な関係を持ちながら発展していることだけ強調しておく．

第 6 章

距離空間 — 位相への道程 **2**

　この章では，前章で扱った $\mathbb{R}$ での開集合やコンパクト集合の性質や，点列の収束など，いわゆる「位相的な性質」を距離空間での性質へと一般化する.

6.1　距離空間の部分集合

6.1.1　距離空間の ε 近傍

　実数 $\mathbb{R}$ では，ε 近傍によって，開集合，閉集合，コンパクト集合，点列 (数列) の収束など，色々な性質が導入された. 本節では距離空間の場合にこれを一般化する (距離空間の定義とその例は第 4.1.5 項).

　$\mathbb{R}$ の ε 近傍が $B_\varepsilon(a) = \{x \in \mathbb{R} : |a - x| < \varepsilon\}$ と定義されたこと，そして，$d(x, y) = |x - y|$ が $\mathbb{R}$ の距離であること (例 4.16) を思い出せば，以下のように距離空間の ε 近傍へと一般化することは自然だろう.

> **定義 6.1　距離空間の ε 近傍**　距離空間 (X, d) の 点 $a \in X$ における ε 近傍とは，実数 $\varepsilon > 0$ で決まる部分集合 $B_\varepsilon(a) = \{x \in X : d(a, x) < \varepsilon\}$ のこと.

　この ε 近傍を用いて，内点と境界点，開集合と閉集合などを以下のように定義する. これは，ε 近傍に同じ記号 $B_\varepsilon(a)$ を用いているため，$\mathbb{R}$ の部分集合のときと同様である (定義 5.4, 5.5).

> **定義 6.2　内点，境界点，開集合，閉集合など**　距離空間 (X, d) の部分集合 $A \subset X$ に対し，
>
> - 点 $a \in A$ が A の内点であるとは，$B_\varepsilon(a) \subset A$ となるような $\varepsilon > 0$ が

存在すること. A の内部 A° とは, A の内点全体のなす集合のこと.

- 点 $x \in X$ が A の外点であるとは, $A^c = X \setminus A$ の内点であること. A の外部 A^e とは, A の外点全体のなす集合のこと.

- 点 $x \in X$ が A の境界点であるとは, 任意の $\varepsilon > 0$ について, $B_\varepsilon(x)$ が A の点と A^c の点を両方含むこと. A の境界 ∂A とは, A の境界点全体のなす集合のこと.

- A の触点とは A の内点または境界点のこと. また, A の閉包 $\overline{A}$ とは, A の触点全体のなす集合のこと.

- A が開集合であるとは, $A = A^\circ$ であること.

- A が閉集合であるとは, A^c が開集合であること.

以上の定義より, 距離空間 (X, d) とその部分集合 A に対し, X の点は A の内点か, 境界点か, 外点のいずれか 1 つである. また, A の内点は常に A の元であり, 外点は常に A^c の元だが, 境界点はどちらでもありうる.

$\mathbb{R}$ の部分集合に対して定義した集積点と孤立点も, 以下のように抽象化される. 今回はのちのさらなる抽象化のため, $\mathbb{R}$ のとき (定義 5.3) とは違って, ε 近傍に直接は言及しない形で定義していることに注意せよ.

定義 6.3 孤立点, 集積点   距離空間 (X, d) の部分集合 A について, $x \in X$ が A の集積点であるとは, $x \in \overline{A \setminus \{x\}}$ であること.
また, $a \in X$ が A の孤立点であるとは, $a \in A$ であって, かつ A の集積点でないこと.

上の集積点の定義が $\mathbb{R}$ のときと同じく, 任意の ε 近傍に A の点が含まれることに他ならないことは, 閉包が内部と境界の和集合であり, 内点も境界点も任意の ε 近傍に A の点を含むことからすぐわかる.

これより, 孤立点はある ε について ε 近傍が自分以外の A の点を含まないことだから, やはり, $\mathbb{R}$ の場合の直接的な一般化である. また, 孤立点を集積点でない, と定義することについては, $\mathbb{R}$ の場合の定義の直後にも注意した.

抽象的な距離空間で内部, 境界, 開集合, 閉集合の関係が確かに, 我々の直観に一致する例として以下を証明しておこう. この証明には, 距離の具体的な

形はなんら影響しないことに注意されたい.

> **定理 6.1　開集合, 閉集合と境界**　距離空間 (X, d) の部分集合 $A \subset X$ について, A が開集合であることと, $\partial A \subset A^c$ であることは同値. また, A が閉集合であることと, $\partial A \subset A$ となることは同値.

証明　A が開集合ならば, 任意の点 $a \in A$ についてある $\varepsilon > 0$ が存在して $B_\varepsilon(a) \subset A$ であり, $B_\varepsilon(a) \cap A^c = \emptyset$ だから, a は境界点ではない. つまり, $\partial A \subset A^c$. 逆に, $a \in A$ が境界点でなければ, ある $\varepsilon > 0$ が存在して, $B_\varepsilon(a)$ は A の点だけか, A^c の点だけを含むが, $a \in A$ だから A の点だけを含む. よって, 任意の $a \in A$ が内点であり, A は開集合.

　一方, A が閉集合ならば, A^c は開集合だから, 上で既に示したように $\partial(A^c) \subset (A^c)^c = A$. ここで, 境界の定義より, 任意の部分集合 $B \subset X$ について, その境界と補集合の境界は等しい ($\partial B = \partial(B^c)$) ことに注意すれば, さらに, $\partial A = \partial(A^c) \subset A$. 逆に, $\partial A \subset A$ ならば, 同じ関係によって, $\partial(A^c) = \partial A \subset A = (A^c)^c$. よって上で既に示したように, A^c は開集合. ゆえに A は閉集合.　　　　　□

> **演習問題 6.1　閉集合の閉包**
> 　上の定理 6.1 から, 距離空間 (X, d) の部分集合 A が閉集合であることと $A = \overline{A}$ であることは同値であることを納得せよ.

しばしば, 点と点の距離ではなく, 点 $x \in X$ と部分集合 $A \subset X$ の「距離」を考えることが役に立つ[1].

> **定義 6.4　点と部分集合の距離**　距離空間 (X, d) の点 $x \in X$ と部分集合 $A \subset X$ の間の「距離」 $d(x, A)$ を以下で定義する.
> $$d(x, A) = \inf\{d(x, a) : a \in A\}.$$

[1] これは距離空間の距離ではないので, 同じ名前や記号 $d(\cdot, \cdot)$ を用いることは適切ではないが, 慣例に従っておく.

　この定義で $x \in \overline{A}$ のとき, x が内点なら $d(x, A) = 0$ で, また境界点でも, いくらでも小さな ε 近傍 $B_\varepsilon(x)$ がとれるから $d(x, A) = 0$. この逆も明らかなので, 点と部分集合の距離が 0 であることは閉包を特徴づける.

演習問題 6.2
$d(x, A) = 0$ と $x \in \overline{A}$ が同値であることの上の説明を証明の形に書け.

6.1.2　距離空間での例

　$\mathbb{R}$ の自然な一般化として, ユークリッド空間の場合をやや詳しく見ておこう.

　例 4.17 で見た座標平面 (2 次元の座標空間) の一般化として, n 次元の座標空間, すなわち, $\mathbb{R}$ の n 個の直積 $\mathbb{R}^n = \mathbb{R} \times \cdots \times \mathbb{R}$ を考えよう. 座標平面のときと同様に, 2 点 $\boldsymbol{x} = (x_1, \ldots, x_n), \boldsymbol{y} = (y_1, \ldots, y_n)$ に対し,

$$d_E(\boldsymbol{x}, \boldsymbol{y}) = \sqrt{\sum_{i=1}^{n} (x_i - y_i)^2}$$

と定義する. この $d_E(\cdot, \cdot)$ が距離であることを示すには, 特に三角不等式を証明する必要があるが, 2 次元の場合 (演習問題 4.1) と同様に n 次元の「コーシー-シュワルツの不等式」が成り立つことから言える.

　この $d_E(\cdot, \cdot)$ をユークリッド距離, この距離を考えた $\mathbb{R}^n$ を (n 次元の) ユークリッド空間と言う.

　ユークリッド空間 $(\mathbb{R}^n, d_E)$ の点 $\boldsymbol{a} \in \mathbb{R}^n$ における ε 近傍は,

$$B_\varepsilon(\boldsymbol{a}) = \{\boldsymbol{x} \in \mathbb{R}^n : d_E(\boldsymbol{a}, \boldsymbol{x}) < \varepsilon\}$$

であり, 2 次元ならば中心が $\boldsymbol{a}$ で半径が ε の円板, 3 次元ならば球 (の内部) である. これを用いて, 内点, 境界点, 開集合, 閉集合などが定義される. いくつか典型的な例を挙げておこう.

例 6.1　長方形　2 次元のユークリッド空間 $\mathbb{R}^2$ 内の長方形 (の内部),

$$A = (a, b) \times (c, d) = \{(x, y) \in \mathbb{R}^2 : a < x < b, c < y < d\}$$

は開集合. 実際, 任意の $(x, y) \in A$ について, $x - a, b - x, y - c, d - y$ のどれよりも小さな正の実数を ε とすれば, $B_\varepsilon((x, y)) \subset A$.

また, A の境界は 4 つの辺, $\{(x,c) : a \le x \le b\}$, $\{(x,d) : a \le x \le b\}$, $\{(a,y) : c \le y \le d\}$, $\{(b,y) : c \le y \le d\}$ の和集合.

一方, 辺を含めた長方形 $B = [a,b] \times [c,d]$ は閉集合. 実際, この補集合 $B^c = \mathbb{R}^2 \setminus [a,b] \times [c,d]$ の任意の点で, 十分に小さく $\varepsilon > 0$ をとれば B^c に含まれる. また, B の境界は ∂A と同じ集合で, $\overline{B} = \overline{A} = B$.

演習問題 6.3　開球, 閉球

$n \ge 3$ のとき n 次元ユークリッド空間 $\mathbb{R}^n$ において, 点 $\boldsymbol{a} \in \mathbb{R}^n$ と実数 $r > 0$ で決まる部分集合 $B_r(\boldsymbol{a}) = \{\boldsymbol{x} \in \mathbb{R}^n : d_E(\boldsymbol{a}, \boldsymbol{x}) < r\}$ のことを中心 $\boldsymbol{a}$ で半径 r の開球, 右辺の不等号 "$<$" を "$\le$" に変えたものを閉球と言う. 開球が開集合, 閉球が閉集合であることを確認せよ.

以下の例も, 実数の部分集合のときの例 5.6 と同様に, 初学者にとって「境界」という言葉のイメージを裏切る例だろう.

例 6.2　$\mathbb{R}^2$ の部分集合としての整数点と有理数点　2 次元ユークリッド空間 $\mathbb{R}^2$ の部分集合としての整数点 $\mathbb{Z}^2 = \{(x,y) \in \mathbb{R}^2 : x, y \in \mathbb{Z}\}$ は閉集合. $\mathbb{Z}^2$ のどの点も孤立点かつ境界点で, $\partial \mathbb{Z}^2 = \overline{\mathbb{Z}^2} = \mathbb{Z}^2$.

一方, $\mathbb{R}^2$ の部分集合としての有理数点 $\mathbb{Q}^2 = \{(x,y) \in \mathbb{R}^2 : x, y \in \mathbb{Q}\}$ は開集合でも閉集合でもない. $\mathbb{Q}^2$ のどの点も集積点であり, 境界点. さらに, $\mathbb{R}^2$ のどの点も $\mathbb{Q}^2$ の境界点なので, $\partial \mathbb{Q}^2 = \mathbb{R}^2$ で, $\overline{\mathbb{Q}^2} = \mathbb{R}^2$.

実数 $\mathbb{R}$ の部分集合としての $\mathbb{R}$ は開集合だが (例 5.4), 以下のように $\mathbb{R}^2$ の部分集合としては開集合でない. これは, 開集合や閉集合といった性質が, 基本にとる ε 近傍の定義に依存しているからである.

例 6.3　$\mathbb{R}^2$ の部分集合としての直線　2 次元ユークリッド空間 $\mathbb{R}^2$ の部分集合としての x 軸, すなわち, $X = \{(x,y) \in \mathbb{R}^2 : y = 0\}$ は開集合ではない. 実際, その任意の点 $(x,0)$ での ε 近傍 $B_\varepsilon((x,0)) \subset \mathbb{R}^2$ は常に X の点と X^c の点を含むから, すべての点が境界点であり, $X = \partial X$.

一方, $X^c = \mathbb{R}^2 \setminus X$ の任意の点 (x,y), $(y \neq 0)$ で $|y|$ より小さい正の ε をとれば, $B_\varepsilon((x,y)) \subset X^c$ だから, X は閉集合.

同じ $\mathbb{R}^n$ に対してユークリッド距離でない距離を考えることもできる．例 4.18 では $\mathbb{R}^2$ でのそのような例を 2 つ見たが，以下はまた別の例である．

例 6.4　最大値距離　n 次元座標空間 $\mathbb{R}^n$ の 2 点 $\boldsymbol{x} = (x_1, \ldots, x_n), \boldsymbol{y} = (y_1, \ldots, y_n)$ に以下のように定義した $d_M(\boldsymbol{x}, \boldsymbol{y})$ を最大値距離と言う．

$$d_M(\boldsymbol{x}, \boldsymbol{y}) = \max\{|x_j - y_j| : j = 1, \ldots, n\}$$

これが実際，距離の 3 条件を満たすことは容易に確認できる．

　この d_M による $\boldsymbol{a} = (a_1, \ldots, a_n) \in \mathbb{R}^n$ における ε 近傍は，各座標で $(a_j - \varepsilon, a_j + \varepsilon)$ という開区間だから，$\boldsymbol{a}$ を中心にした 2ε 幅の (超) 立方体の内側である．この ε 近傍による開集合，閉集合などの位相的性質は，ユークリッド距離のとき，つまり，開球を ε 近傍としたときと同じ[2]．

前項の例 6.2 では，$\mathbb{R}^2$ の部分集合として $\mathbb{Z}^2$ や $\mathbb{Q}^2$ を考えた．しかし以下の 2 つの例では，$\mathbb{R}$ の部分集合としての整数や有理数を考えているのではなく，それら自体を距離空間の全体として考えていることに注意せよ．

例 6.5　距離空間 $(\mathbb{Z}, |\cdot|)$　例 4.16 で見たように，$(\mathbb{Z}, |\cdot|)$ は距離空間だった．その点 z における ε 近傍は $B_\varepsilon(z) = \{x \in \mathbb{Z} : |z - x| < \varepsilon\}$ だから，$0 < \varepsilon < 1$ ならば z 自身のみの集合 $\{z\}$．よって，$\mathbb{Z}$ の部分集合 A は，そのどの点も内点だから開集合．またその補集合 A^c についても同じことが言えるから，A は閉集合でもある (例 5.9 と比較せよ)．

例 6.6　距離空間 $(\mathbb{Q}, |\cdot|)$　例 4.16 で見たように，$(\mathbb{Q}, |\cdot|)$ は距離空間だった．その点 q における ε 近傍は $B_\varepsilon(q) = \{x \in \mathbb{Q} : |q - x| < \varepsilon\}$．よって，$\mathbb{Q}$ の部分集合 $A = \{q \in \mathbb{Q} : 0 < q < 1\}$ は，どの点も内点だから開集合．またその補集合 A^c は，$0, 1 \in A^c$ においては任意の ε 近傍が A と A^c の両方の点を含むので，この 2 点は境界点であり，A^c は開集合でない．よって，A は閉集合ではない (例 5.10, 6.5 と比較せよ)．

---

[2] これは，$\mathbb{R}$ の ε 近傍であった開区間を，別の方法で $\mathbb{R}^n$ に一般化したものと考えられる．実際，開球ではなくこの「開立方体」を ε 近傍として，多次元の微分積分学を展開する流儀もある．このように，異なる距離が実質的に同じ位相を導くことがしばしばある．

以下のまったく抽象的な例を極端な場合として挙げておく.

例 6.7　離散距離の距離空間　例 4.19 で見たように，どんな集合 X でも離散距離 d_D のもと距離空間である. 離散距離の定義より, 任意の $x \in X$ について, その ε 近傍 $B_\varepsilon(x)$ は $0 < \varepsilon < 1$ ならばその点のみの一点集合 $\{x\}$. よって, 任意の部分集合 A が開集合であり, 閉集合でもある.

6.2　距離空間の点列

6.2.1　距離空間の点列の収束

$\mathbb{R}$ の場合で見たように位相的な性質のまた 1 つの姿は, 点列 (数列) の収束の概念だった. 距離空間でもその距離のもとで点列の収束を考えることができる.

集合 X の点列とは, 実数列のとき同様, 自然数で添え字づけされた X の元の集合 $\{x_n\}_{n \in \mathbb{N}} \subset X$ のことである.

定義 6.5　距離空間の点列の収束　距離空間 (X, d) の点列 $\{x_n\}_{n \in \mathbb{N}}$ が $x \in X$ に収束する (x が $\{x_n\}$ の極限である) とは, 実数列の収束の意味で $n \to \infty$ のとき $d(x, x_n) \to 0$, つまり, 任意の実数 $\varepsilon > 0$ に対し, ある $N \in \mathbb{N}$ が存在して, $n \geq N$ ならば $d(x, x_n) < \varepsilon$ となること.

実数列のとき同様, $\{x_n\}$ が x に収束することを, $n \to \infty$ のとき $x_n \to x$ や, $\lim_{n \to \infty} x_n = x$ などと書く.

上の点列の収束を ε 近傍の言葉で, $n \geq N$ ならば $x_n \in B_\varepsilon(x)$ となること, と述べても同じことである. また, 部分集合 A の触点とは内点か境界点のことだったから, その任意の ε 近傍に A の点が必ず含まれることに他ならない.

この言い換えから直ちに, 以下の簡単だが重要な定理が得られる.

定理 6.2　収束する点列と閉包　距離空間 (X, d) の部分集合 $A \subset X$ と点 $p \in X$ について, p が A の触点 (すなわち $p \in \overline{A}$) であることと, p に収束する A の点列 $\{a_n\}_{n \in \mathbb{N}}$ があることは同値.

証明　まず, p が A の触点であると仮定する. このとき上の言い換えより, $\varepsilon = 1/n$ に対し $a_n \in B_\varepsilon(p)$ であるように $a_n \in A$ がとれる. この点列 $\{a_n\} \subset A$ は収束の定義より p に収束する.

次に, ある数列 $\{a_n\} \subset A$ が $p \in X$ に収束すると仮定する. このとき, 任意の $\varepsilon > 0$ に対し, $a_n \in B_\varepsilon(p)$ となるような $n \in \mathbb{N}$ が存在する. よって, 再び上の言い換えより, p は触点. □

同じ考え方を用いて, 以下のように定理 5.5 の一般化が得られる.

> **定理 6.3**　**閉集合と点列の極限**　距離空間 (X, d) の部分集合 $A \subset X$ が閉集合であることは, A に含まれる点列が極限を持てばその極限も A の元であることと同値.

証明　A が $\emptyset$ か X 全体ならば主張は自明だから, $A \neq \emptyset, X$ とする.

まず, A は閉集合と仮定する. $\{a_n\} \subset A$ が $x \in X$ に収束するならば, 任意の $\varepsilon > 0$ に対して, ある番号 N が存在して, $n \geq N$ ならば $a_n \in B_\varepsilon(x)$. 背理法で $x \in A$ を示そう. もし $x \in A^c$ ならば, ($A \neq X$ が閉集合より) A^c は空でない開集合だから, ある $\eta > 0$ が存在して, $B_\eta(x) \subset A^c$ であり, すなわち, $B_\eta(x) \cap A = \emptyset$. よって, 上のような N の存在に矛盾.

次は, 任意の収束列 $\{a_n\} \subset A$ の極限が A の元だと仮定する. 任意の $x \in A^c$ について ($A \neq X$ より $A^c \neq \emptyset$ に注意), x は $\{a_n\}$ の極限ではないから, ある $\eta > 0$ が存在して $B_\eta(x) \cap A = \emptyset$. つまり, $B_\eta(x) \subset A^c$. この $x \in A^c$ は任意だったから, A^c は開集合. ゆえに, A は閉集合. □

> **演習問題 6.4**　**閉集合の閉包 2**
> 定理 6.2 と 6.3 より, 距離空間の部分集合 A が閉集合であることと $A = \overline{A}$ が同値であることを納得せよ (演習問題 6.1 も参照).

6.2.2　距離空間のコーシー列と完備性

$\mathbb{R}$ の場合には, 数列の収束はその数列がコーシー列であることで判定できた.

しかし，この性質は一般の距離空間においては必ずしも正しくない.

例えば，$(\mathbb{Q}, |\cdot|)$ は距離空間だが，$\{q_n\}_{n\in\mathbb{N}} \subset \mathbb{Q}$ がコーシー列であっても，その極限は無理数かもしれない. この場合，数列 $\{q_n\}$ は $\mathbb{Q}$ の点列としてはその極限を持たない (極限が $\mathbb{Q}$ の中に存在しない).

とは言え，距離空間においてもコーシー列が強力な道具であることは変わらない. 一般の距離空間でこの事情を正確に述べるため，(実数列のコーシー列と本質的に同じだが) まずコーシー列から定義する.

> **定義 6.6　距離空間のコーシー列**　距離空間 (X, d) の点列 $\{x_n\}_{n\in\mathbb{N}} \subset X$ がコーシー列であるとは，任意の実数 $\varepsilon > 0$ に対し，ある自然数 N が存在して，$n, m \geq N$ ならば $d(x_n, x_m) < \varepsilon$ となること.

実数列の場合 (演習問題 5.2) とまったく同様にして，$\{x_n\} \subset X$ が収束列ならばコーシー列であることは容易に示せる.

> **定理 6.4　収束列はコーシー列**　距離空間 (X, d) の点列 $\{x_n\}_{n\in\mathbb{N}} \subset X$ が $x \in X$ に収束するならば，$\{x_n\}$ はコーシー列である.

証明　点列 $\{x_n\} \subset X$ が $x \in X$ に収束すると仮定する. すなわち，任意の $\varepsilon > 0$ に対し，ある自然数 N が存在して，$n \geq N$ ならば $d(x, x_n) < \varepsilon$.

この N より大きな $n, m \geq N$ をとれば，距離 d の三角不等式より，

$$d(x_n, x_m) \leq d(x_n, x) + d(x, x_m) < \varepsilon + \varepsilon = 2\varepsilon.$$

よって，任意の $\varepsilon' > 0$ に対し $\varepsilon = \varepsilon'/2$ とおいて，上のように N を選べば，任意の $n, m \geq N$ について $d(x_n, x_m) < \varepsilon'$. すなわち，$\{x_n\}$ はコーシー列. $\square$

この項の始めに注意したように，上の定理の逆は一般には成立しない. そこで，収束列とコーシー列が同値であるような良い性質に名前をつける.

> **定義 6.7　距離空間の完備性**　距離空間 (X, d) の任意のコーシー列が X の元に収束するとき，X は完備であると言う. また，部分集合 $A \subset X$ に

ついても，A に含まれる任意のコーシー列が A の元に収束するとき，部分集合 A は完備であると言う．

まず，基本的な例を確認しておこう．

例 6.8　実数とその部分集合　定理 5.4 と演習問題 5.2 で見たように，実数 $\mathbb{R}$ では数列が収束することと，コーシー列であることは同値である．つまり，$(\mathbb{R}, |\cdot|)$ は完備．

閉区間 $[a, b] \subset \mathbb{R}$ は完備である．しかし，開区間 $(a, b) \subset \mathbb{R}$ は，端点 a と b に収束する数列 $\{x_n\} \subset (a, b)$ はコーシー列ではあるが，極限 $a, b \notin (a, b)$ だから，(a, b) においては極限を持たず，完備ではない．

例 6.9　ユークリッド空間とその部分集合　ユークリッド空間 $(\mathbb{R}^d, d_E)$ は完備である．実際，$\{\boldsymbol{x}_n\} \subset \mathbb{R}^d$ がコーシー列ならば，$\boldsymbol{x}_n = (x_n^1, \ldots, x_n^d)$ などと書けば，任意の $\varepsilon > 0$ に対し，ある自然数 N が存在して，

$$d_E(\boldsymbol{x}_n, \boldsymbol{x}_m) = \sqrt{(x_n^1 - x_m^1)^2 + \cdots + (x_n^d - x_m^d)^2} < \varepsilon.$$

これより，$|x_n^1 - x_m^1| < \varepsilon, \ldots, |x_n^d - x_m^d| < \varepsilon$ だから，各実数列 $\{x_n^1\}, \ldots, \{x_n^d\}$ がコーシー列になることと $\mathbb{R}$ の完備性から従う．

次の例は証明を与えないが，関数の空間の例として重要である．

例 6.10　連続関数と一様収束　一様収束する連続関数の列の極限はまた連続関数だった (定理 5.9)．また，同定理のあとで見たように，$[0, 1]$ 区間上の連続関数 $f : [0, 1] \to \mathbb{R}$ の全体のなす集合 X に，距離 d を

$$d(f, g) = \sup\{|f(x) - g(x)| : x \in I\}$$

と定義すれば一様収束の意味だった．この距離空間 (X, d) は完備．

完備性はややわかり難い概念だが，以下のように閉集合と自然に対応している．

> **定理 6.5 完備性と閉集合** 距離空間 (X, d) において，部分集合 $A \subset X$ が完備ならば，A は X の閉集合である．さらに X 自身が完備であればこの逆，すなわち，A が閉集合ならば完備であることも成り立つ．

証明 A が完備であるとして，閉集合であることを示そう．$a \in \overline{A}$ ならば，閉集合と点列の極限の関係 (定理 6.3) より，a に収束する点列 $\{a_n\} \subset A$ がある．$\{a_n\}$ はコーシー列で (定理 6.4)，A は完備だから，$a \in A$ に収束する[3]．よって，任意の $a \in \overline{A}$ について $a \in A$ だから A は閉集合．

次は，X が完備かつ $A \subset X$ が閉集合として，A が完備であることを示す．$\{a_n\} \subset A$ がコーシー列ならば，X の完備性より，ある $x \in X$ に収束する．A は閉集合だから，再び定理 6.3 より，$x \in A$．よって，A は完備．　　　　□

> **注意 6.1 完備性と閉集合の差** 上の定理より，距離空間において完備性と閉集合であることとはほぼ同値だが，同じくこの定理からわかるように，全体集合を考えるときに差が現れる．実際，距離空間 X 全体は定義より常に閉集合だが，もちろん完備性は保証されない．
>
> 例えば，$\mathbb{R}$ の部分集合として開区間 $(0, 1)$ は開集合だが，(同じ距離のもと) それ自身を距離空間と考えれば閉集合である．しかるに，$0 \notin (0, 1)$ に収束する列 (例えば $\{1/n\}_{n \in \mathbb{N}}$) を含むので，完備ではない．
>
> この事情によって，距離空間全体を研究対象とするときには，仮定として完備性の方が適切である．

極限や近似を用いた議論をするとき，しばしば，空間が完備でないことが技術的な問題になる．この場合，以下の「完備化」が用いられることが多い．

> **注意 6.2 距離空間の完備化** 完備でない距離空間に最小限の元を追加して，完備な距離空間に変形できると都合の良いことがしばしばある．このような操作を完備化と言う．

---

[3] ここで収束点列の極限は一意であることを用いている．このことは距離空間では明らかに正しいが，第 7.3.1 項で見るように一般の位相空間ではハウスドルフ性を必要とする．

もっとも簡単な例を挙げれば，例 6.8 で見たように，開区間 (a, b) は完備でないが，端点を追加して $[a, b]$ とすれば完備．また，有理数全体 $\mathbb{Q}$ に無理数全体を追加して $\mathbb{R}$ にすれば完備．

実は，一般の距離空間に対して常に，ある意味で一意に，完備化が存在する．この証明はやさしくないが，直観的には，点列の収束先をすべてもとの空間に追加してしまえばよい．

6.2.3　有界性と全有界性

以下では，主に距離空間全体の性質として，点列の収束の性質を調べる．部分集合についても距離をその集合上のみに制限して，それ自体を距離空間とみなせばよい [4]．

$\mathbb{R}$ で有界な単調数列が必ず極限を持ったように，距離空間においても，ある種の「有界性」が重要な性質であろうことは容易に想像される．

> **定義 6.8　距離空間の有界性**　距離空間 (X, d) の部分集合 $A \subset X$ が有界であるとは，任意の $x, y \in A$ について $d(x, y) < M$ となる実数 M が存在すること．また，X 自身を部分集合と見て有界であるとき，単に，距離空間 (X, d) は有界であると言う．

$\mathbb{R}$ の部分集合 A が有界であるとは，ある $M, M' \in \mathbb{R}$ が存在して，任意の $a \in A$ が $M < u < M'$ であることだが (定義 4.7)，任意の $x, y \in A$ について，$|x - y| < M' - M$ だから，この定義はその自然な一般化である．

しかし実は，以下の例が示すように，良い性質を導くためにはやや弱い．

> **例 6.11**　自然数全体 $\mathbb{N}$ の離散距離，すなわち，$d_D(n, n) = 0$, $n \neq m$ ならば $d_D(n, m) = 1$ と決めた距離 d_D による距離空間 $(\mathbb{N}, d_D)$ は有界であり，完備でもある．しかし，点列 $\{n\}_{n \in \mathbb{N}}$ はどこにも収束しないし，収束するような部分列もコーシー列も含まない．

この例は人工的に見えるかもしれないが，ポイントは，単なる有界性だけで

---

[4] ただし，部分集合を全体空間とみなすこの方法で位相的な性質を調べるには，一般にはのちの「相対位相」(定義 7.6) の考え方が必要になる．

は，距離は変わらなくてもどんどん逃げ続けるような点列が作れてしまうことである．実際，ある条件を満たす関数や数列全体のような自由度の高い空間では，こういう事態は自然に起こりうる．

よって，有界性よりも強い条件として，以下の「全有界性」を導入する．

> **定義 6.9　全有界性**　距離空間 (X, d) の部分集合 $A \subset X$ が全有界であるとは，任意の実数 $\varepsilon > 0$ に対し有限個の点 $a_1, \ldots, a_n \in A$ が存在して，それらの ε 近傍の和集合で $A \subset B_\varepsilon(a_1) \cup \cdots \cup B_\varepsilon(a_n)$ と覆えること．特に，X 自身が全有界であるとき，距離空間 (X, d) は全有界であると言う．

ε 近傍自体が有界だから，有界集合の有限個の和集合が有界であること (練習問題：これを示せ) より，全有界ならば有界である．しかし，逆に有界集合は必ずしも全有界ではない．全有界である場合とない場合の例を挙げておこう．

> **例 6.12　$\mathbb{R}$ の有界部分集合は全有界**　$\mathbb{R}$ の有界部分集合は，ある実数 M について $[-M, M]$ に含まれるから，どんな ε に対しても ε に応じて十分に多く (有限個の) 点をとれば，それらの ε 近傍で覆える．ゆえに距離空間として全有界．同様にして，ユークリッド空間 $(\mathbb{R}^n, d_E)$ においても，有界性と全有界性は同値．

> **例 6.13　$(\mathbb{N}, d_D)$ は全有界でない**　上の例 6.11 で見たように，離散距離 d_D のもと自然数全体 $\mathbb{N}$ は有界だが，$0 < \varepsilon < 1$ のとき有限個の ε 球では覆えないので全有界ではない．実際，どの $n \in \mathbb{N}$ においても $B_\varepsilon(n) = \{n\}$ なので，$\bigcup_{j=1}^m B_\varepsilon(n_j) = \{n_1, \ldots, n_m\} \neq \mathbb{N}$.

単純な有界性に比べれば，全有界性は何を意味しているのか，ややわかり難い概念だろう．そこで，点列の言葉による全有界性の言い換えを与えよう．実際，任意の点列が部分列としてコーシー列を含むことと全有界性が同値である．

ポイントは，全有界性によって有限個の ε 近傍で覆えるのだから，どんな点列が与えられても，そのうちの無限個の点を含む ε 近傍が存在することである．このためには有界性だけでは足りない．

では，同値性を必要条件と十分条件に分けてそれぞれ証明しよう．

> **定理 6.6** 距離空間 (X, d) が全有界ならば，任意の点列 $\{a_j\}_{j \in \mathbb{N}}$ がコーシー列を部分列に含む．

証明 X は全有界だから，任意に与えられた $\varepsilon > 0$ に対し，有限個の ε 近傍 $\mathcal{B} = \{B_1, \ldots, B_M\}$ で覆える．これより，少なくとも 1 つの B_i は $\{a_j\}$ の無限個の元を含む．これは可算集合だから，添え字の小さい順に並び換えて，$\{a_j\}$ の部分列 $\{a_{m(j)}\}_{j \in \mathbb{N}}$ とみなせる．

しかも，すべての $j \in \mathbb{N}$ について $a_{m(j)} \in B_i$ なのだから，任意の j, k について $d(a_{m(j)}, a_{m(k)}) < 2\varepsilon$ (B_i の中心点を挟んだ三角不等式より)．ε は任意だったから，最初に ε の代わりに $\varepsilon/2$ としておけば，$d(a_{m(j)}, a_{m(k)}) < \varepsilon$.

以下では，この部分列からさらにコーシー列を構成する．上で示したように，$\{a_j\}$ からどの 2 点間の距離も 1 未満になるような部分列がとれる．これを $\{b_j^{(1)}\}_{j \in \mathbb{N}}$ と書こう．この部分列から，さらに，どの 2 点間の距離も $1/2$ 以下になるような ($\{b_j^{(1)}\}$ の) 部分列 $\{b_j^{(2)}\}_{j \in \mathbb{N}}$ がとれる．以下順次，距離を $1/n$ に縮めながら部分列の中に部分列 $\{b_j^{(n)}\}_{j \in \mathbb{N}}$ をとっていく．

この点列たち $\{b_j^{(n)}\}_{j \in \mathbb{N}}, (n \in \mathbb{N})$ に対し，$c_j = b_j^{(j)}$ で点列 $\{c_j\}_{j \in \mathbb{N}}$ を定めると，これはコーシー列．なぜなら，任意の $\varepsilon > 0$ に対して，$N > 1/\varepsilon$ であるように大きく $N \in \mathbb{N}$ をとれば，任意の $j, k \geq N$ について，$c_j = b_j^{(j)}, c_k = b_k^{(k)}$ はどちらも $\{b_i^{(N)}\}_{i \in \mathbb{N}}$ の部分列で，この列はどの 2 点間距離も $1/N < \varepsilon$ より小さいのだから，$d(c_j, c_k) < \varepsilon$.

結局，任意の点列 $\{a_j\}$ から，コーシー列を選び出すことができた． □

> **定理 6.7** 距離空間 (X, d) において任意の点列がコーシー列を部分列に含むならば，全有界．

証明 主張の対偶「全有界でないならば，コーシー列を部分列に含まない点列が存在する」を，このような点列を構成することで示す．

距離空間 X が全有界でないならば，ある $\varepsilon > 0$ が存在して，X は有限個の ε 近傍で覆えない．つまり，任意の有限個の点 $x_1, \ldots, x_n \in X$ に対して，

$\{B_\varepsilon(x_j), \dots, B_\varepsilon(x_n)\}$ は X の有限被覆になりえないから, $X \setminus \bigcup_j B_\varepsilon(x_j) \neq \emptyset$. よって, この左辺から 1 点が選べる. これを x_{n+1} とすれば, この選び方から, 任意の $j = 1, \dots, n$ に対し $d(x_{n+1}, x_j) \geq \varepsilon$ に注意せよ.

　この手続きを用いて, X の点 x_1 に対し x_2 を選び, x_1, x_2 に対して x_3 を選び, 順に点列 $\{x_n\}_{n \in \mathbb{N}}$ を定めれば, 任意の $i \neq j$ について $d(x_i, x_j) \geq \varepsilon$. よって, この点列 $\{x_n\}$ はコーシー列を部分列に持ちえない.　　　　□

注意 6.3　全有界かつ完備と点列コンパクト性　これらの定理から,「全有界かつ完備」ならば, 任意の点列がコーシー列を含み, コーシー列は極限を持つから, 任意の点列が収束する部分列を持つ (点列コンパクト性).

　また逆に, 点列コンパクトならば, 任意の点列が収束する部分列 (とその極限) を持つから, コーシー列を含み, 全有界. また任意のコーシー列が収束する部分列を持ち, その極限がコーシー列自身の極限であることもわかるので, 完備.

　よって, 距離空間において「全有界かつ完備」は点列コンパクト性と同値である. このことは, $\mathbb{R}$ の「有界かつ閉集合」の自然な一般化が「全有界かつ完備」であることの理由の 1 つである (注意 6.1 も参照). こののち, さらにコンパクト性とも同値であることがわかる.

6.3　距離空間のコンパクト性

6.3.1　距離空間のコンパクト性

　$\mathbb{R}$ の部分集合のコンパクト性の直接的な一般化として, 距離空間でのコンパクト性を定義しよう. 前項同様, 主なテーマは距離空間全体の性質としてのコンパクト性である.

定義 6.10　距離空間のコンパクト性　距離空間 X の部分集合 A の任意の開被覆 $\{O_\lambda\}_{\lambda \in \Lambda}$ が有限被覆を部分集合として持つとき, すなわち, 開集合の族 $\mathcal{O} = \{O_\lambda\}_{\lambda \in \Lambda}$ について $A \subset \bigcup_{\lambda \in \Lambda} O_\lambda$ ならば, その有限個の開集合 $O_1, \dots, O_n \in \mathcal{O}$ で $A \subset O_1 \cup \dots \cup O_n$ となるものがあるとき, A はコンパクト性を持つ, または, コンパクトである, と言う. 特に, X 自

身がコンパクトであるとき，距離空間 X はコンパクトであると言う．

　実数の場合の注意の繰り返しになるが，どんな複雑な開被覆が与えられたとしても，そのうちの有限個だけで既に覆えていることが，コンパクト性である．
　上の定義は，ε 近傍による有限被覆であった全有界性の定義 6.9 に似ている．実際，以下のようにコンパクト性は全有界性を含んでいる．

定理 6.8　　コンパクトな距離空間は全有界である．

証明　任意の $\varepsilon > 0$ に対し，距離空間 X の各点 x での ε 近傍 $B_\varepsilon(x)$ を考える．明らかに $X = \bigcup_{x \in X} B_\varepsilon(x)$ だが，ε 近傍は開集合だから，$\{B_\varepsilon(x)\}_{x \in X}$ は開被覆．X はコンパクトだから，ここから有限個だけを選び出して，$X = B_\varepsilon(x_1) \cup \cdots \cup B_\varepsilon(x_n)$ と覆える．すなわち，X は全有界．　　□

　まず，実数での例を振り返っておけば，注意5.2より，$\mathbb{R}$ の部分集合がコンパクトであることと有界閉集合であることは同値だった (まだ証明はしていない)．よって，これらは距離空間としてコンパクトな例であり，例えば，閉区間 $[0,1]$ は通常の距離 $d(x,y) = |x-y|$ のもとコンパクトである．
　しかし，以下のように別の距離のもとではコンパクトではない．

例 6.14　（$([0,1], d_D)$ はコンパクトでない　実数の閉区間 $[0,1]$ で離散距離 d_D を考えた距離空間 $([0,1], d_D)$ はコンパクトでない．$\varepsilon = 1/2$ に対し，$\{B_\varepsilon(x)\}_{x \in [0,1]} = \{\{x\}\}_{x \in [0,1]}$ は $[0,1]$ の明らかな開被覆だが，また明らかに，このうち有限個では $[0,1]$ を覆えない．

　この $([0,1], d_D)$ は例 6.11 で見たように有界かつ完備である．しかし，例 6.13 で見たように全有界ではないことに注意をうながしておく．
　実数の部分集合の場合や上の例などから，距離空間のコンパクト性の完全な特徴づけは，「全有界かつ完備」だろうと期待される．これは正しいが，その証明はかなり難しく，また抽象的な位相の言葉を整理してからの方がわかりやすい．よって，証明は第 7.2.2 項まで後まわしにして，ここでは「**距離空間が**

全有界かつ完備であることとコンパクトであることは同値」を事実として認め
ておこう.

> **注意 6.4　点列コンパクト性との同値**　多くの位相の教科書では，全有界
> かつ完備，コンパクト性と並んで，点列コンパクト性も導入し，距離空間
> ではこの 3 つが同値であることを示す.
>
> 　歴史的にはコンパクト性よりも先に点列コンパクト性が認識されたので，
> この流れは自然な発展順序として説明しやすいという利点がある.　また，
> 点列コンパクト性は証明の手法としても，しばしば役に立つ.
>
> 　しかし，現代的な立場からすれば，「有界かつ閉」の本質的な抽象化は
> コンパクト性である.　本書でも，点列コンパクトについては注意にとどめ
> て，前面に出さない.

6.3.2　距離空間の間の連続写像

　距離空間の間の連続写像は，第 5.3.1 項で見た $\mathbb{R}$ の間の関数の連続性 (定義
5.7) の自然な一般化である.

> **定義 6.11　距離空間の間の連続写像**　距離空間 (X, d_X) から距離空間
> (Y, d_Y) への写像 $f: X \to Y$ が点 $a \in X$ において連続であるとは，任意
> の実数 $\varepsilon > 0$ に対して，ある $\delta \in \mathbb{R}$ が存在して，$d_X(x, a) < \delta$ であるよ
> うな任意の $x \in X$ について $d_Y(f(x), f(a)) < \varepsilon$ が成り立つこと.
>
> 　また，任意の $x \in X$ で $f(x)$ が連続であるとき，f は連続である，連
> 続写像である，などと言う.

　つまり，$\mathbb{R}$ での条件 $|x - a| < \delta$ などを一般の距離 $d(x, a) < \delta$ などに言い
換えただけである.　よって，$\mathbb{R}$ のときと同様に，ε 近傍の言葉や点列の極限の
言葉でも書ける.　さらに定理 5.6 と同じく，連続性とは「開集合の逆像が開集
合である」と言い換えられる.　この証明もまったく同様 (注意 5.3 も参照).

> **定理 6.9　距離空間の連続写像と開集合**　距離空間 (X, d_X) から (Y, d_Y)
> への写像 $f: X \to Y$ が連続であることと，Y の任意の開集合 O に対し

てその逆像 $f^{-1}(O)$ も $(X$ の) 開集合であることは同値.

証明　定理 5.6 の証明で, $\mathbb{R}$ での ε 近傍を一般の距離空間での ε 近傍と思って読めばよい (実際, 同じ記号 $B_\varepsilon(\cdot)$ を使っている).　　　　　　　□

　$\mathbb{R}$ のときからの類推で, ユークリッド空間の間の連続写像などは想像がつくだろうが, やや高度な例を 2 つ以下に挙げておく. 以下の例を正確に証明するにはリーマン積分の知識が必要だが, 高等学校で学ぶ程度の積分の理解でも直感的には自然に納得されるだろう.

例 6.15　　区間 $[0,1]$ から $\mathbb{R}$ への連続関数の全体を $C([0,1])$ とする. $f,g \in C([0,1])$ に対し, $d(f,g) = \sup\{|f(x) - g(x)| : x \in [0,1]\}$ と定義するとこれは距離だった. $f \in (C([0,1]),d)$ に対し, その絶対値の積分 $L(f) = \int_0^1 |f(x)|dx$ を与える写像 $L : C([0,1]) \to \mathbb{R}$ は連続である.

次の例はほとんど自明ではあるが, 初学者にはやや意外かもしれない.

例 6.16　　離散距離を持つ距離空間 (X, d_D) から, 任意の距離空間 (Y, d) への写像は常に連続である. 実際, 任意の点 $a \in X$ と任意の $\varepsilon > 0$ に対し, $d_D(x, a) < 1/2$ ならば自動的に $x = a$ であるから, $d(f(x), f(a)) = d(f(a), f(a)) = 0 < \varepsilon$.

　連続写像の逆像が開集合を保存することから, 以下の定理を証明するのはやさしい. 実際, $f(X)$ の被覆である開集合族に対し, その開集合の逆像たちは f の連続性より開集合だから, X の被覆になっている. よって, X のコンパクト性から有限被覆が選び出せて, その像たちが $f(X)$ の有限被覆である.

定理 6.10　**コンパクト性と連続写像**　距離空間 (X, d_X) から (Y, d_Y) への連続写像 $f : X \to Y$ について, X がコンパクトならば像 $f(X) \subset Y$ もコンパクト.

演習問題 6.5
　上の定理の直前の説明を証明の形に書け (定理 7.15 の証明が答).

　上の定理の直接的な結果として，次の重要な定理が言える.

定理 6.11　最大値定理　距離空間 (X, d) から $\mathbb{R}$ への連続写像 $f : X \to \mathbb{R}$ について，X がコンパクトならば f の最大値が存在する. すなわち，任意の $x \in X$ に対して，$f(x) \leq f(m)$ となるような $m \in X$ が存在する.

証明　示すべきことは，$\mathbb{R}$ のコンパクト集合 $f(X)$ が最大値を持つことのみ. $\mathbb{R}$ のコンパクト集合は有界な閉集合であり，定理 5.7 より最大値を持つ.　□

　$\mathbb{R}$ の閉区間は全有界かつ完備であることよりコンパクトだから，この定理は $\mathbb{R}$ における「最大値定理」(定理 5.8) を含んでいる.
　閉区間上の連続関数が最大値を持つことは当然のようだが，全有界かつ完備であることとコンパクト性の同値，および，写像の連続性という位相の本質的概念の結果であり，実は深い内容を持つ主張である.

第 7 章

位相

この章では，前章までに見た $\mathbb{R}$ や距離空間での性質が，「位相」の言葉のもとにその本質が取り出され抽象化される．結論から言えば，位相的な性質とは抽象化された開集合族で語りうる性質のことである．

7.1 位相空間

7.1.1 位相空間の定義

いよいよ，位相のもっとも抽象的な定義を与える．

> **定義 7.1 位相空間** 集合 T の部分集合の集合族 $\mathcal{O}$ が，以下の条件を満たすとき，$\mathcal{O}$ は T の位相であると言い，T のことを (位相 $\mathcal{O}$ を持つ) 位相空間と言う．位相を特に明示するときは $(T, \mathcal{O})$ のように対で書く．
>
> 1. $\emptyset, T \in \mathcal{O}$.
> 2. $O_1, O_2 \in \mathcal{O}$ ならば $O_1 \cap O_2 \in \mathcal{O}$.
> 3. $\mathcal{O}$ の元からなる任意の集合族 $\{O_\lambda\}_{\lambda \in \Lambda}$ について，$\bigcup_{\lambda \in \Lambda} O_\lambda \in \mathcal{O}$.

この定義で，共通部分と和集合についての条件の差に注意せよ．これがなぜ「位相」なのか，次の定義でその意味が明らかになる．

> **定義 7.2 開集合，閉集合** 位相空間 $(T, \mathcal{O})$ に対し，位相の元 $O \in \mathcal{O}$ のことを開集合と言う．T の部分集合 F が $F^c \in \mathcal{O}$ であるとき，F を閉集合と言う．また，点 $x \in T$ に対し，x を含む開集合を x の開近傍，または単に近傍と言う．さらに，x の近傍のすべてを x の近傍系と呼ぶ．

　つまり，位相の定義とは，開集合の公理化に他ならない．ここで，T の各点については言及せずに開集合が定義されていることに注意せよ．

　以下は，距離空間で ε 近傍を用いて色々な概念を定義したこと (定義 6.2) の自然な一般化である．位相とは開集合の族によって語られる性質なのである．

> **定義 7.3　内部, 外部, 閉包, 境界**　　位相空間 $(T, \mathcal{O})$ の部分集合 $A \subset X$ に対し，$a \in A$ が A の内点であるとは，$a \in O$ かつ $O \subset A$ となる $O \in \mathcal{O}$ が存在すること，すなわち，a の近傍で A に含まれるものがあること．A の内点の全体を A の内部と言い，A° と書く．A の補集合 A^c の内部を A の外部と言い，A^e と書く．A^e の元を A の外点と言う．
>
> 　また，$x \in X$ が A の境界点であるとは，x を含む任意の $O \in \mathcal{O}$ について，$O \cap A \neq \emptyset$ かつ $O \cap A^c \neq \emptyset$ となること，すなわち，x の任意の近傍が A と A^c の両方の点を含むこと．A の境界点の全体を A の境界と言い，∂A と書く．さらに，A の内部と境界の和集合のことを A の閉包と言い，記号で $\overline{A}$ と書く．閉包の元を触点と言う．

> **注意 7.1　開集合か近傍か**　　上のように近傍を用いずに，A の内部を $O \subset A$ となる $O \in \mathcal{O}$ 全体の和集合と定義する流儀もある (他の概念についても同様)．この方法は，位相から直接的に定義されることが好ましいし，証明がしやすいことも多い (例えば A° が開集合であること)．しかし本書では，具体から抽象への精神から，近傍による直観的理解を重視した．

抽象的な位相の言葉に慣れるため，開集合の基本的性質を確認しておこう．

> **定理 7.1　開集合の基本的性質**　　位相空間 $(T, \mathcal{O})$ の部分集合 $A \subset T$ に対し，A が開集合であることと $A^\circ = A$ は同値．また，A° は A に含まれる最大の開集合．

証明　まず，A が開集合ならば，その任意の元に対して A 自身が近傍だから，

任意の元が内点であり, $A \subset A^\circ$. 内点の定義より $A^\circ \subset A$ だから, $A = A^\circ$.

次は $A^\circ = A$ を仮定して, これが開集合であることを示そう. 任意の $a \in A^\circ$ に対し, a のある近傍 U_a は $U_a \subset A$ だから, $\bigcup_{a \in A^\circ} U_a \subset A$. さらに, 任意の $p \in U_a$ に対し, U_a 自身が p の近傍だから, $p \in A^\circ$. ゆえに, $\bigcup_{a \in A^\circ} U_a \subset A^\circ$. この逆の包含関係は自明だから, $\bigcup_{a \in A^\circ} U_a = A^\circ$. よって, 開集合の性質 (定義 7.1, 性質 3) より, A° は開集合. したがって, 仮定より A も開集合.

後半の主張は, 任意の $O \in \mathcal{O}$ について $O \subset A$ ならば $O \subset A^\circ$ が示したいことだが, $O \subset A$ より $O^\circ \subset A^\circ$ であり, 前半の主張 $O^\circ = O$ より直ちに得られる.   □

閉集合について上と同様に以下の主張が成り立つ.

演習問題 7.1   閉集合の基本的性質

位相空間 $(T, \mathcal{O})$ の部分集合 $B \subset T$ に対し, B が閉集合であることと $\overline{B} = B$ は同値. また, $\overline{B}$ は B を含む最小の閉集合. これを示せ.

距離空間のとき同様, 上で定義した触点を用いて集積点と孤立点を定義する.

定義 7.4   集積点と孤立点   位相空間 $(T, \mathcal{O})$ の部分集合 $A \subset X$ に対し, $x \in T$ が $A \setminus \{x\}$ の触点であるとき, x は A の集積点であると言う. また, $a \in A$ が A の集積点でないとき, a は A の孤立点であると言う.

収束と極限の定義も距離空間での場合 (定義 6.5) と同様である.

定義 7.5   位相空間における点列の収束   位相空間 $(T, \mathcal{O})$ における点列 $\{p_n\}_{n \in \mathbb{N}} \subset T$ が $n \to \infty$ のとき $p \in T$ に収束する, または p がこの点列の極限であるとは, p の任意の近傍 U に対して, ある $N \in \mathbb{N}$ が存在して, $n \geq N$ ならば $p_n \in U$ となること. これを記号で $p_n \to p$ や, $\lim_{n \to \infty} p_n = p$ などと書く.

注意 7.2　一般の位相空間の点列の「極限」　上の一般的な収束概念は，これまでの直観的な理解とは一致しないことがある．極端な例を挙げれば，集合 X に対し $\mathcal{O} = \{\emptyset, X\}$ は自明に位相だが (次項で見る密着位相)，任意の点列が任意の点に収束してしまう．問題は極限の一意性で，これを保証するには，あとで定義する「ハウスドルフ性」が必要になる (定理 7.17).

　位相空間の部分集合自身も，以下のように自然に位相空間とみなせる．次項以下でもしばしば，位相空間の部分集合の位相的性質の主張やその証明をこの方法で示す．

定義 7.6　相対位相　位相空間 $(T, \mathcal{O})$ の部分集合 $S \subset T$ に対し，$\mathcal{O}_S = \{O \cap S : O \in \mathcal{O}\}$ と定めれば，$(S, \mathcal{O}_S)$ は位相空間になる (練習：位相の定義 7.1 を確認せよ). この $\mathcal{O}_S$ を相対位相と言う.

7.1.2　位相空間の例
前章までに見た $\mathbb{R}$ や距離空間が位相空間の例であることを確認しておこう.

定理 7.2　位相空間としての距離空間　距離空間 (X, d) の開集合 (定義 6.2) の全体のなす族 $\mathcal{O}$ は X の位相であり，$(X, \mathcal{O})$ は位相空間である．すなわち，$\mathcal{O}$ は定義 7.1 の条件 *1, 2, 3* を満たす.

証明　*1.* $\emptyset$ と X 自身が開集合であることは定義より明らか．よって，$\emptyset, X \in \mathcal{O}$.
　2. $A, B \subset X$ を開集合とする．任意の点 $x \in A \cap B$ について，$x \in A$ だから，ある $\varepsilon > 0$ が存在して $B_\varepsilon(x) \subset A$. 同様に $x \in B$ でもあるから，ある $\eta > 0$ があり $B_\eta(x) \subset B$. ε, η の大きくない方を δ とすれば，$B_\delta(x) \subset A \cap B$. ゆえに，$A \cap B$ も開集合.
　3. 開集合の族 $\{O_\lambda\}$ の和集合 $U = \bigcup O_\lambda$ について，その任意の元 $x \in U$ は和集合の定義より，ある λ について $x \in O_\lambda$. よって，ある ε が存在して $B_\varepsilon(x) \subset O_\lambda \subset U$. ゆえに，$U$ も開集合. □

　以下では距離空間を位相空間として扱うときは，特に断わらない限り，距離

空間の意味での開集合全体のなす位相を考えるものとする．この位相を「距離位相」，その位相空間を「距離位相空間」と呼ぶ．

さらに，距離空間の部分集合に対して定義した，開集合以外の概念，閉集合，内部，外部，閉包，境界などが，位相空間でのそれらの定義に一致することを確認する必要があるが，位相空間での近傍が距離空間での ε 近傍の自然な一般化であることから，ほとんど自動的である．

例えば，距離空間での部分集合 A の境界点 x の定義は，x の任意の ε 近傍に A と A^c の両方の点が含まれることだったが，このことから x を含む任意の開集合もこの両方の点を含む．なぜなら，開集合の定義より x での ε 近傍が存在する．この逆は，ε 近傍が開集合であることから明らか．このように，開集合全体の代わりに ε 近傍だけで用が足りる，という考え方は，のちに「基底」の概念に抽象化される．

さらに，どんな集合に対しても考えられる 2 つの抽象的な例を挙げておく．どちらも研究対象としてさほど興味をひかないが，極端な例として重要である．

例 7.1　離散位相　集合 X に対しその部分集合の全体 $\mathcal{D} = 2^X$ は，明らかに X の位相．この位相 $\mathcal{D}$ を離散位相と言う．

離散位相は，離散距離の距離空間 (X, d_D) の距離位相に他ならない．実際，距離 d_D のもと任意の点 $x \in X$ の ε 近傍は $0 < \varepsilon \leq 1$ のとき，その点自身だけの集合 $\{x\}$ だから，任意の部分集合が開集合．

例 7.2　密着位相　空でない集合 X に対し，$\mathcal{I} = \{\emptyset, X\}$ は明らかに位相の定義を満たす．これを密着位相と言う．

以上 2 つの特殊な位相に関係して，以下の注意も与えておく．

注意 7.3　位相の強弱　同じ集合に対しても，一般には色々な位相が考えられる．例えば，実数全体 $\mathbb{R}$ に通常の開集合全体からなる位相を考えることもできれば，離散位相や密着位相を考えることもできる．

このように同じ集合上に 2 つの位相 $\mathcal{O}_1, \mathcal{O}_2$ があるとき，$\mathcal{O}_1 \subset \mathcal{O}_2$ ならば，位相 $\mathcal{O}_2$ は $\mathcal{O}_1$ より強い（位相 $\mathcal{O}_1$ は $\mathcal{O}_2$ より弱い）と言う．この

定義より，常に離散位相 (定義 7.1) はもっとも強い位相であり，密着位相 (定義 7.2) はもっとも弱い位相である.

　位相の議論においては，ある集合が位相の元 (つまり開集合) であるかが論点だから，位相が強いほど，より強い (細かい) 性質を主張できる. とは言え，位相がより強ければよいわけではなく (もしそうなら離散位相以外に必要がない)，考えたい問題に適切な強さの位相がある.

7.1.3　位相の基底と基本近傍系

ある位相に対し，その部分集合で基本的な役割を果たすものがある.

> **定義 7.7　位相の基底**　位相空間 $(T, \mathcal{O})$ の位相 $\mathcal{O}$ に対し，$\mathcal{O}$ の部分集合 $\mathcal{B}$ が $\mathcal{O}$ の基底であるとは，$\mathcal{O}$ の任意の元が $\mathcal{B}$ の元の和集合で書けること.

以下の定理は，上の定義の簡単な言い換えであるが，位相の性質はその基底について調べるだけで得られることを示している.

> **定理 7.3　基底の同値条件**　位相 $\mathcal{O}$ の部分集合 $\mathcal{B}$ が $\mathcal{O}$ の基底になることと，各 $O \in \mathcal{O}$ と $p \in O$ に対し，$p \in B \subset O$ となるような $B \in \mathcal{B}$ が存在することは同値.

証明　$\mathcal{B}$ が基底ならば，任意の $O \in \mathcal{O}$ が $\mathcal{B}$ の要素 $B_\lambda, (\lambda \in \Lambda)$ たちで $O = \bigcup_{\lambda \in \Lambda} B_\lambda$ と書けるのだから，ある λ が存在して，$p \in B_\lambda \subset O$.

　逆に，各 $O \in \mathcal{O}$ と $p \in O$ に対し，$p \in B \subset O$ となる $B = B_p \in \mathcal{B}$ が存在すれば，明らかに $O = \bigcup_{p \in O} B_p$ だから，$\mathcal{B}$ は基底.　　　□

まずは基底の典型例を見ておこう.

> **例 7.3　$\mathbb{R}^n$ と ε 近傍**　ユークリッド空間 $\mathbb{R}^n$ の距離位相 $\mathcal{O}$ に対して，各点の ε 近傍の全体の集合 $\{B_\varepsilon(p) : p \in \mathbb{R}^n, 0 < \varepsilon \in \mathbb{R}\}$ と空集合の和集合は $\mathcal{O}$ の基底である. 実際，任意の開集合 O と $p \in O$ に対し，ある

$\varepsilon > 0$ が存在して $B_\varepsilon(p) \subset O$ なのだから,定理 7.3 より基底.

例 7.4 離散位相の基底 集合 X の離散位相 $\mathcal{D}$ に対し,1 点集合の全体と空集合の和集合 $\mathcal{B} = \{\{p\}\}_{p \in X} \cup \emptyset$ は $\mathcal{D}$ の基底.

基底の「局所化」,つまり各点ごとの基底として,以下の概念も用意する.

定義 7.8 基本近傍系 位相空間 $(T, \mathcal{O})$ の各点 $x \in T$ での近傍系 $\mathcal{O}_x$ の部分集合 $\mathcal{B}_x$ が,各 $O \in \mathcal{O}_x$ に対し,ある $B \in \mathcal{B}_x$ が存在して $B \subset O$ となるとき,この $\mathcal{B}_x$ を点 x での基本近傍系であると言い,また,その全体 $\{\mathcal{B}_x\}_{x \in T}$ のことも $(T, \mathcal{O})$ の基本近傍系と言う.

これより,ある点の周囲の位相的性質,つまりその近傍で調べられることは,基底と同じ意味で,その点での基本近傍系だけを見れば十分である.

7.1.4 可算公理

一般の位相は大きな集合になりうるが,もし基底が高々可算個の元しか持たなければ都合が良い.そこで以下のように定義をする.「第 1」より先に「第 2」を定義するのは,近傍に対する開集合のように,前者が後者の「局所化」だからである.

定義 7.9 第 2 可算公理 位相空間 $(T, \mathcal{O})$ に対し,位相 $\mathcal{O}$ の基底で高々可算なものが存在するとき,$(T, \mathcal{O})$ は第 2 可算公理を満たすと言う.

この条件は一見,容易には満たされないように思われるが,実は多くの研究対象で満たされる.上で見た 2 つの例を見直してみよう.

例 7.5 $\mathbb{R}^n$ の可算な基底 ε 近傍全体はユークリッド空間 $\mathbb{R}^n$ の位相の基底だった (例 7.3).これは非可算だが,実は可算な基底がとれる.

それには,すべての点 $p \in \mathbb{R}^n$ とすべての正の実数の半径 ε の代わりに,すべての有理点 (どの座標も有理数の点) $q \in \mathbb{Q}^n$ と正の有理数の半径

$\eta \in \mathbb{Q}$ をとって, $\{B_\eta(q) : p \in \mathbb{Q}^n (\subset \mathbb{R}^n), 0 < \eta \in \mathbb{Q}\}$ とすればよい.
これは可算集合の可算個の和集合だから可算集合であり (練習:これを示
せ), また基底であることは, 定理 7.3 で確認できる.
　実際, 各開集合 O と $p \in O$ に対し, $B_\varepsilon(p) \subset O$ となる $\varepsilon > 0$ がある
が, さらに, p のいくらでも近くに有理点 q がとれるから, 十分小さな有
理数の半径 η をとれば, $p \in B_\eta(q) \subset B_\varepsilon(p) \subset O$.

例 7.6　離散位相の可算な基底　集合 X が可算無限だったとしても, 離
散位相はその部分集合全体 2^X なので, 定理 4.2 より非可算集合である.
しかし, $\{\{p\}\}_{p \in X} \cup \emptyset$ は基底であり (例 7.4), 可算集合.

さらに, 距離位相空間が全有界ならば第 2 可算公理を満たすことがわかる.
これを示す前に準備として, 「可分」と「稠密」の概念も導入する.

定義 7.10　可分と稠密　位相空間 $(T, \mathcal{O})$ の部分集合 $A \subset T$ について,
$\overline{A} = T$ であるとき, A は T で稠密であると言う. また特に, この A が
高々可算であるとき, T は可分である, 可分性を持つ, などと言う.

この典型例は, $\mathbb{R}^n$ における有理点の集合 $\mathbb{Q}^n$ である. 実際, $\overline{\mathbb{Q}^n} = \mathbb{R}^n$ であ
り, $\mathbb{Q}^n$ は可算集合. この例などから, 以下のことが成り立つのは自然だろう.

定理 7.4　　　第 2 可算公理を満たす位相空間は可分である.

証明　この位相空間 $(T, \mathcal{O})$ の高々可算な基底を $\mathcal{B}$ とし, $\mathcal{B}$ の各元から 1 点
ずつ選んだものの集合を S とする. もちろん, $S(\subset T)$ は可算集合である.
　定理 7.3 より, 任意の開集合 $O \in \mathcal{O}$ に対し, $B \subset O$ となる $B \in \mathcal{B}$ がある
から, O は S の元を含む. すなわち, 任意の $O \in \mathcal{O}$ について, $O \cap S \neq \emptyset$
だから, S^c に含まれる開集合は $\emptyset$ しかない. つまり, $(S^c)^\circ = \emptyset$ であり, す
なわち, $\overline{S} = T$.　　　　　　　　　　　　　　　　　　　　　　　　□

そして, 距離位相空間においては, 全有界性のもとでこの両方が言える.

> **定理 7.5 全有界な距離空間と第 2 可算公理** 全有界な距離位相空間は可分である.また,可分な距離位相空間は第 2 可算公理を満たす.

証明 距離空間 (X, d) が全有界なら,任意の $n \in \mathbb{N}$ に対して,X の有限個の点の集合 $A_n = \{x_1, \ldots, x_m\}$ の各元での $\varepsilon = 1/n$ 近傍の和集合で,

$$X = \bigcup_{x_j \in A_n} B_{1/n}(x_j)$$

と書ける.よって,$A = \bigcup_{n \in \mathbb{N}} A_n$ とおくと,A は可算だが,X の任意の ε 近傍に対し,ある $n \in \mathbb{N}$ が存在してこの ε 近傍が A_n の元を含むから,$(A^c)^\circ = \emptyset$. すなわち,$\overline{A} = X$.よって,X は可分.

また,X が可分ならば,高々可算な部分集合 $A \subset X$ で $\overline{A} = X$ となるものがある.この $A = \{a_j\}_{j \in \mathbb{N}}$ に対し,$\{B_q(a_j) : q \in \mathbb{Q}, a_j \in A\}$ が距離位相の高々可算な基底.ゆえに,第 2 可算公理を満たす. □

基本近傍系 (定義 7.8) についても,基底と同様に高々可算であるような良い性質が考えられる.それが以下の第 1 可算公理である.

> **定義 7.11 第 1 可算公理** 位相空間 $(T, \mathcal{O})$ が第 1 可算公理を満たすとは,その任意の点 $p \in T$ が高々可算個の元からなる基本近傍系を持つこと.

以下のように,距離位相空間は常に第 1 可算公理を満たすことがわかる.

> **定理 7.6** 距離位相空間 (X, d) は第 1 可算公理を満たす.

証明 任意の $x \in X$ に対し,$\mathcal{B}_x = \{B_{1/n}(x) : n \in \mathbb{N}\}$ は x での可算な基本近傍系. □

7.2 コンパクト性と連続性

7.2.1 コンパクト性の定義

$\mathbb{R}$ や距離空間で見た重要な位相的性質に「コンパクト性」があった.もちろ

ん，この概念も抽象的な位相空間に対して定義される．

　まず，位相空間 $(T, \mathcal{O})$ の部分集合 $A \subset T$ に対する「被覆」に関する言葉を確認しておこう．T の部分集合の族 $\mathcal{B}$ の和集合が A を包含するとき，$\mathcal{B}$ は A の被覆であると言う．特に $\mathcal{B}$ の各元が開集合であるとき $(\mathcal{B} \subset \mathcal{O})$，開被覆であると言う．また，$\mathcal{B}$ が有限集合であるときは有限被覆と言う．

　この被覆の言葉を用いて，位相空間のコンパクト性を以下のように定義する．この定義より，距離空間のコンパクト集合はその具体例である．

定義 7.12　位相空間のコンパクト性　位相空間 $(T, \mathcal{O})$ の部分集合 $A \subset T$ がコンパクト性を持つ，あるいはコンパクトであるとは，A の任意の開被覆が A の有限被覆を含むこと．特に，T 自身がコンパクトであるとき，位相空間 $(T, \mathcal{O})$ はコンパクトであると言う．

　以下はコンパクト性の定義の前提条件を強めているから，コンパクト性よりも弱い性質であるが，のちに見るように，しばしばコンパクト性を代用できる．

定義 7.13　可算コンパクト性　位相空間 $(T, \mathcal{O})$ の部分集合 $A \subset T$ が可算コンパクト性を持つ，あるいは可算コンパクトであるとは，A の任意の可算な開被覆が A の有限被覆を含むこと．

　以下では位相空間全体のコンパクト性を中心に考えよう（部分集合も相対位相（定義 7.6）によって位相空間として扱える）．まず，以下の定理はコンパクト性と可算コンパクト性の差を示唆するものである．

定理 7.7　第 2 可算公理を満たす可算コンパクトな位相空間はコンパクト．

証明　位相空間 $(T, \mathcal{O})$ が第 2 可算公理を満たすならば，$\mathcal{O}$ の可算な基底 $\mathcal{B}$ がある．$\mathcal{U}$ を T の任意の開被覆とすると，$\mathcal{U}$ に対し

$$\mathcal{V} = \bigcup_{U \in \mathcal{U}} \{B \in \mathcal{B} : B \subset U\}$$

と定義すれば，$\mathcal{V}$ は T の可算な開被覆.

よって，可算コンパクト性の仮定から，有限被覆 $\{V_1, \ldots, V_n\} \subset \mathcal{V}$ を持つ. この各 V_i を含む $\mathcal{U}$ の元を 1 つずつ選んで $\{U_1, \ldots, U_n\}$ とすれば有限被覆. ゆえに，任意の開被覆 $\mathcal{U}$ が有限被覆を含むから，T はコンパクト. □

コンパクト性はかなり強い性質だから，位相空間自体がコンパクトである場合はあまりない. しかし，以下の局所コンパクト性は多くの場合に満たされ，我々が興味を持つ空間の多くが局所コンパクトである.

定義 7.14 局所コンパクト性 位相空間 $(T, \mathcal{O})$ の各点に対して，その点を内点に含むコンパクトな部分集合が存在するとき，$(T, \mathcal{O})$ は局所コンパクトであると言う.

もちろん，位相空間 $(T, \mathcal{O})$ がコンパクトならば，各点でその点を内点に含むコンパクトな部分集合として T 自身をとれるから，局所コンパクトである.

例 7.7 ユークリッド空間 $(\mathbb{R}^n, d_E)$ は距離位相のもとで，局所コンパクト. 実際，ユークリッド空間において有界閉集合はコンパクト集合なので (この事実は，まだ証明していないが)，各点 $p \in \mathbb{R}^n$ に対し，p を中心として半径 1 の閉球 $\{x \in \mathbb{R}^n : d_E(x, p) \leq 1\}$ を考えればよい.

コンパクト性はややわかり難い概念だが，以下の言い換えが 1 つの直観的理解を与えてくれるだろう. この性質は，証明技法としてもしばしば役に立つ.

定義 7.15 有限交叉性 集合 X の部分集合の集合族 $\mathcal{B}$ について，その任意の有限部分集合の共通部分が空でないとき，つまり，任意の $B_1, \ldots, B_n \in \mathcal{B}$ に対し，$B_1 \cap \cdots \cap B_n \neq \emptyset$ であるとき，$\mathcal{B}$ は有限交叉性を持つ，または有限交叉的である，などと言う.

この有限交叉性を用いて，コンパクト性が以下のように言い換えられる. これはコンパクト性の定義の対偶に過ぎないが，丁寧に証明を与えておく.

> **定理 7.8　コンパクト性と有限交叉性**　位相空間 $(T, \mathcal{O})$ がコンパクトで
> あることと，T の閉部分集合からなる有限交叉的な任意の集合族 $\mathcal{B}$ につい
> て $\bigcap_{B \in \mathcal{B}} B \neq \emptyset$ となることは同値．
>
> 　また，可算コンパクトであることと，閉部分集合からなる有限交叉的か
> つ可算な任意の集合族 $\mathcal{B}$ の共通部分が空でないことは同値．

証明　位相空間 $(T, \mathcal{O})$ がコンパクトであると仮定する．上の主張のような部
分集合族 $\mathcal{B}$ に対し，$\bigcap_{B \in \mathcal{B}} B = \emptyset$ を仮定して矛盾を示そう．

　この両辺の補集合をとれば，ド-モルガンの法則 (定理 1.3) より，$\bigcup_{B \in \mathcal{B}} B^c = T$
となるが，これは $\mathcal{B}' = \{B^c : B \in \mathcal{B}\}$ が T の開被覆であることに他ならない．
T はコンパクトだから，$\mathcal{B}'$ は有限被覆を含む．よって，$B_1' \cup \cdots \cup B_n' = T$ とな
る $B_1', \ldots, B_n' \in \mathcal{B}'$ が存在するが，再びこの補集合をとれば，$B_1 \cap \cdots \cap B_n = \emptyset$
となって，$\mathcal{B}$ の有限交叉性に矛盾．

　次は逆に，定理の主張のような任意の部分集合族 $\mathcal{B}$ について $\bigcap_{B \in \mathcal{B}} B \neq \emptyset$
であるとき，T がコンパクトでないと仮定して矛盾を示そう．

　このとき，ある開被覆 $\mathcal{U} = \{O_\lambda\}_{\lambda \in \Lambda} \subset \mathcal{O}$ が存在して，その任意の有限部
分集合が T の有限被覆でない．よって，閉集合の族 $\mathcal{U}' = \{O_\lambda^c\}_{\lambda \in \Lambda}$ を考える
と，ド-モルガンの法則より，この任意の有限部分集合の共通部分は空集合でな
い．ゆえに $\mathcal{U}'$ は有限交叉的な閉集合族だから，仮定より $\bigcap_{U' \in \mathcal{U}'} U' \neq \emptyset$ だ
が，一方，$\mathcal{U}$ は T の開被覆だったから，$\bigcup_{U \in \mathcal{U}} U = T$ であり，この補集合を
とれば，$\bigcap_{U \in \mathcal{U}} U^c = \bigcap_{U' \in \mathcal{U}'} U' = \emptyset$ となって矛盾．

　定理の後半の主張は可算性を仮定に加えるだけでまったく同様．　　　　□

> **注意 7.4　有限交叉性と区間縮小法**　上の定理の典型的な用い方は，
> $B_1 \supset B_2 \supset \cdots$ であるような (可算な) 閉集合族 $\mathcal{B} = \{B_n\}_{n \in \mathbb{N}}$ への
> 適用である ($B_{n+1} \setminus B_n$ の元は $B_n \cap B_{n+1}$ の元になりえないので，有限
> 交叉性で $B_n \supset B_{n+1}$ を仮定しても一般性を失わないことに注意)．この
> とき，有限交叉性による (可算) コンパクト性の言い換えから，どんどん縮
> んでいくような閉集合の列の「極限」が空でないことが導ける．
>
> 　これは実数の閉区間の列 $\{I_n\}_{n \in \mathbb{N}} = \{[a_n, b_n]\}$ について，$b_n - a_n \to 0$
> かつ任意の n について $I_n \supset I_{n+1}$ ならば，$\bigcap I_n = \{p\} \neq \emptyset$ なる点 $p \in \mathbb{R}$

が存在する，という「区間縮小法」の原理の一般化である．

注意 7.5　コンパクト化　完備でない距離空間に点を追加して完備化する
ように (注意 6.2)，コンパクトでない位相空間に適当に点を追加してコン
パクトにしたいことがある．これをコンパクト化の問題と言う．

　コンパクト化には色々な方法があるが，特に位相空間が局所コンパクト
(定義 7.14) で，かつ，後に見るハウスドルフ性 (定義 7.19) を持つとき，
ただ 1 点を追加するだけでコンパクトにできることが知られている．

7.2.2　距離空間のコンパクト性

　「距離位相空間が全有界かつ完備であることとコンパクトであることは同値」
の証明は後まわしにしていた．本項ではいよいよこれを証明する．「コンパクト
ならば全有界」は既に示したので (定理 6.8)，まず以下を示そう．

定理 7.9　　　距離位相空間はコンパクトならば完備．

証明　(X, d) をコンパクトな距離空間，$\{x_n\} \subset X$ をコーシー列として，これ
が X の元に収束することを示そう．まず，$\{x_n\}$ はコーシー列だから，任意の
$k \in \mathbb{N}$ に対してある $N \in \mathbb{N}$ が存在して，$n, m \geq N$ ならば $d(x_n, x_m) < 1/k$
とできる．この N は k に依存して決まるが，これを満たす最小の $N = N(k)$
を選んでおく．

　これらを用いて，X の部分集合 D_k を $D_k = \{x \in X : d(x, x_{N(k)}) \leq 1/k\}$
で定義すると，$\{D_k\}_{k \in \mathbb{N}}$ は有限交叉性を持つ閉集合の族．実際，任意の $l \in \mathbb{N}$
に対し，$N(l)$ より大きい $n \in \mathbb{N}$ を選べば $x_n \in \bigcap_{k=1}^{l} D_k$．よって，定理 7.8
と X のコンパクト性より $\bigcap_{k \in \mathbb{N}} D_k \neq \emptyset$ となって[1]，この左辺に含まれる元
x が存在する．

　最後に，この x に対し $x_n \to x$ を示す．任意の $\varepsilon > 0$ に対して，$K > 2/\varepsilon$
を満たす $K \in \mathbb{N}$ をとると，$n \geq N(K)$ ならば $d(x_n, x_{N(K)}) \leq 1/K$ だから，

---

[1] これには可算コンパクト性で十分だから，この定理の仮定は可算コンパクトに弱められる．

$$d(x, x_n) \leq d(x, x_{N(K)}) + d(x_{N(K)}, x_n) \leq 2/K < \varepsilon. \qquad \square$$

あとは「全有界かつ完備ならばコンパクト」を示す．この証明のテクニカルな部分は定理 6.6 で済んでいるし，抽象的な位相空間の議論の部分も準備が終わっている．全有界な距離空間は可分であり，可分ならば第 2 可算公理を満たすこと (定理 7.5)，また，可算コンパクトな位相空間が第 2 可算公理を満たせばコンパクトであること (定理 7.7) を思い出しておこう．

定理 7.10　　全有界かつ完備な距離位相空間はコンパクト．

証明　上に述べた事実より可算コンパクト性を示せば十分だから，この距離空間 (X, d) の閉部分集合の列 $\{B_n\}_{n \in \mathbb{N}}$ が有限交叉的かつ $B_1 \supset B_2 \supset \cdots$ であるとき，共通元が存在することを示せばよい (注意 7.4 も参照)．

この $\{B_n\}$ に対し，

$$O_n = \bigcup_{b \in B_n} \left\{ x \in X : d(b, x) < \frac{1}{n} \right\}$$

とおくと，O_n は (空でない) 開集合で，任意の n について $O_n \supset O_{n+1}$.

ここで，X は全有界だから可分であり，稠密な可算集合 $A = \{a_j\}_{j \in \mathbb{N}} \subset X$ がとれる．O_n が開集合であることより，$O_n \cap A \neq \emptyset$ だから，$a_j \in O_n \cap A$ となる最小の j について $b_n = a_j$ とおいて点列 $\{b_n\}_{n \in \mathbb{N}}$ が定義できる．

X の全有界性と定理 6.6 より，$\{b_n\}$ はコーシー列を部分列として含み，X の完備性よりこのコーシー列 $\{b_{m(n)}\}_{n \in \mathbb{N}}$ はある点 $b \in X$ に収束する．

以下ではこの b が $\{B_n\}$ の共通元であること，すなわち，任意の n について $b \in B_n$ を示そう．そのため，点と部分集合の距離を用いて，$d(b, B_n) = 0$ を示す (定義 6.4 と演習問題 6.2 参照)．

$\{b_{m(n)}\}_{n \in \mathbb{N}}$ は b に収束するから，任意の $\varepsilon > 0$ に対して，ある $N \in \mathbb{N}$ が存在して任意の $k \geq N$ について $d(b, b_{m(k)}) \leq \varepsilon$.

また，n より大きな $M \in \mathbb{N}$ をとれば，$M \leq m(M)$ より $B_n \supset B_{m(M)}$ だから，

$$d(b_{m(M)}, B_n) \leq d(b_{m(M)}, B_{m(M)}) \leq \frac{1}{m(M)} \leq \frac{1}{M}.$$

よって，M を N と $1/\varepsilon$ よりも大きくとっておけば，三角不等式より，

$$d(b, B_n) \leq d(b, b_{m(M)}) + d(b_{m(M)}, B_n) \leq \varepsilon + \frac{1}{M} = 2\varepsilon.$$

ε は任意だったから，$d(b, B_n) = 0$ であり，B_n は閉集合だから $b \in B_n$.　□

これで以下の結論が得られた.

> **定理 7.11**　　距離位相空間が全有界かつ完備であることとコンパクトであることは同値.

7.2.3　連続写像

$\mathbb{R}$ 間の関数の連続性 (定義 5.7) や距離空間の間の写像の連続性 (定義 6.11) からわかるように，連続性を定義するには位相があれば十分である.

> **定義 7.16　位相空間の間の連続写像**　　位相空間 $(T, \mathcal{O}_T)$ から $(S, \mathcal{O}_S)$ への写像 $\varphi : T \to S$ が，点 $p \in T$ で連続であるとは，$\varphi(p) \in S$ での任意の近傍 V に対して，p の近傍 U で $\varphi(U) \subset V$ となるものが存在すること.
> 　さらに，T の任意の点で φ が連続であれば，単に φ は連続である，連続写像である，などと言う.

念のために，上の定義が距離空間での連続性の一般化であることを正確に述べて，証明を与えておこう.

> **定理 7.12**　　距離空間 (X, d_X) から (Y, d_Y) への写像 $f : X \to Y$ が点 $x \in X$ で連続であることと，これらを距離位相空間と見て $x \in X$ で連続であることは同値. X 全体の連続性についても同様.

証明　f が距離空間の間の写像として $x \in X$ で連続とする (定義 6.11). $f(x)$ の任意の近傍 V に対し，$B_\varepsilon(f(x)) \subset V$ となる ε がとれる. f の連続性より，この ε に対してある δ が存在して，$f(B_\delta(x)) \subset B_\varepsilon(f(x)) \subset V$ となる. $B_\delta(x)$ は開集合だからこれを U とおけば，U は x の近傍で $f(U) \subset V$. ゆえに，距離位相空間の間の写像としても連続.

　逆に，f が距離位相空間の間の写像として $x \in X$ で連続ならば (定義 7.16)，$f(x)$ の任意の近傍 V に対し，x の近傍 U で $f(U) \subset V$ となるものが存在する．よって特に，任意の $\varepsilon > 0$ に対して ε 近傍 $V = B_\varepsilon(f(p))$ をとっても，x を含むある開集合 U で $f(U) \subset B_\varepsilon(f(p))$ となるものがある．U は開集合だから，ある $\eta > 0$ が存在して $B_\eta(x) \subset U$ とできる．よって，$f(B_\eta(x)) \subset f(U) \subset B_\varepsilon(f(x))$ となって，距離空間の間の連続写像．　□

　以下の定理は連続写像の抽象的な例を与えると同時に，重要な性質を示すものでもある．

定理 7.13　　恒等写像と合成写像

1. 位相空間 $(T, \mathcal{O})$ 上の恒等写像 $I_T : T \ni p \mapsto p \in T$ は連続．
2. 位相空間 $(T_1, \mathcal{O}_1), (T_2, \mathcal{O}_2), (T_3, \mathcal{O}_3)$ の間の連続写像 $\varphi : T_1 \to T_2, \psi : T_2 \to T_3$ に対し，その合成 $\psi \circ \varphi : T_1 \to T_3$ も連続．

証明　1. 任意の $p \in T$ とその任意の近傍 $U \in \mathcal{O}$ について，その U 自身で $I_T(U) = U \subset U$ だから，恒等写像 I_T は p で連続．

　2. 任意の $p \in T_1$ で φ は連続だから，$\varphi(p)$ の近傍 $V \in \mathcal{O}_2$ に対し，p のある近傍 $U \in \mathcal{O}_1$ が存在して $\varphi(U) \subset V$．また，任意の $\varphi(p) \in T_2$ で ψ は連続だから，$\psi(\varphi(p))$ の近傍 $W \in \mathcal{O}_3$ に対し，$\varphi(p)$ のある近傍 $V \in \mathcal{O}_2$ が存在して $\psi(V) \subset W$．この 2 つをあわせると，任意の $\psi \circ \varphi(p) \in T_3$ の近傍 W について，$p \in U$ で $\psi \circ \varphi(U) \subset \psi(V) \subset W$ となる U が存在したわけだから，$\psi \circ \varphi$ は任意の p で連続．　□

　位相空間の間の連続写像の性質として以下が基本的である．証明は距離空間の場合 (定理 6.9) を位相の言葉で書き直すだけである (注意 5.3 も参照)．

定理 7.14　　連続性と開 (閉) 集合の逆像　　位相空間 $(T, \mathcal{O}_T)$ から $(S, \mathcal{O}_S)$ への写像 $\varphi : T \to S$ が連続であることと，S の任意の開集合 V について $\varphi^{-1}(V)$ が T の開集合であることは同値．

証明 V を S の任意の開集合とする ($V \in \mathcal{O}_S$). φ が連続であれば，この V に対し任意の $p \in \varphi^{-1}(V)$ について，p を含む開集合 $U \in \mathcal{O}_T$ が存在して $\varphi(U) \subset V$. よって，$p \in U \subset \varphi^{-1}(V)$ だが，これは任意の $p \in \varphi^{-1}(V)$ が $\varphi^{-1}(V)$ の内点だと言っているのだから，(定理 7.1 より) $\varphi^{-1}(V)$ は開集合. ゆえに，φ が連続ならば任意の開集合の逆像は開集合.

逆に任意の開集合の逆像が開集合ならば，任意の $p \in T$ と $\varphi(p) \in S$ での任意の近傍 V に対し，$U = \varphi^{-1}(V)$ は p の近傍. すなわち，$\varphi(U) \subset V$ なる $U \in \mathcal{O}_T$ が存在したわけだから，φ は連続. □

連続写像の重要な応用が，以下の定理である. この定理は距離空間の場合に，定理 6.10 として述べたが，正確な証明は演習問題に残していた (演習問題 6.5).

定理 7.15　コンパクト性と連続写像　位相空間 $(T, \mathcal{O}_T)$ から $(S, \mathcal{O}_S)$ への連続写像 $\varphi : T \to S$ について，T がコンパクトならば像 $\varphi(T) \subset S$ もコンパクト.

証明 像 $\varphi(T)$ の開被覆から有限被覆が選び出せることを示せばよい. S の開集合の族 $\{O_\lambda\}_{\lambda \in \Lambda}$ によって $\varphi(T) \subset \bigcup O_\lambda$ ならば，$T = \bigcup_{\lambda \in \Lambda} \varphi^{-1}(O_\lambda)$ であるが，φ の連続性より $\varphi^{-1}(O_\lambda) \in \mathcal{O}_T$. よって，$T$ のコンパクト性より，$\{\varphi^{-1}(O_\lambda)\}_{\lambda \in \Lambda}$ から有限個を選び出して，$T = \varphi^{-1}(O_1) \cup \cdots \cup \varphi^{-1}(O_n)$ と覆える. これらに対して $\varphi(T) \subset O_1 \cup \cdots \cup O_n$ だから，$\varphi(T)$ の任意の開被覆 $\{O_\lambda\}$ から有限被覆がとれた. □

7.2.4　同相写像

位相空間 $(T, \mathcal{O}_T)$ から $(S, \mathcal{O}_S)$ への連続写像 $\varphi : T \to S$ について，任意の $V \in \mathcal{O}_S$ の逆像は開集合，すなわち $\varphi^{-1}(V) \in \mathcal{O}_T$ だった (定理 7.14).

しかし，このことは写像の「順方向」に，任意の $U \in \mathcal{O}_T$ について $\varphi(U) \in \mathcal{O}_S$ であることは意味しない. 例えば，T の任意の元を S の 1 点 p に写す写像は明らかに連続だが，1 点集合 $\{p\} \subset S$ が S の開集合とは限らない. よって，位相を保つような良い性質を持つ写像を考える.

> **定義 7.17　開写像, 同相写像**　位相空間 $(T, \mathcal{O}_T)$ から $(S, \mathcal{O}_S)$ への写像
> $\varphi : T \to S$ が開集合を開集合に写すとき, すなわち, 任意の $O \in \mathcal{O}_T$ に
> ついて $\varphi(O) \in \mathcal{O}_S$ であるとき, φ は開写像であると言う. また開写像で
> ある上に, 全単射かつ連続であるとき, 同相写像であると言う.

　同相写像は両方向に「位相を保つ写像」であり, 2 つの位相空間が「実質的
に同じ」であるという関係を与えるため, 特に重要である. よって, 以下のよ
うに定義し直しておこう.

> **定義 7.18　同相写像と同相**　位相空間 $(T, \mathcal{O}_T)$ と $(S, \mathcal{O}_S)$ に対し, 写像
> $\varphi : T \to S$ が全単射かつ連続で, その逆写像もまた連続であるとき, φ は
> 同相写像であると言う. このとき, これらは同相である, 位相同型である
> などと言い, $(T, \mathcal{O}_T) \approx (S, \mathcal{O}_S)$ と書く.

　定義域と終域の対称性から, $(T, \mathcal{O}_T) \approx (S, \mathcal{O}_S)$ ならば $(S, \mathcal{O}_S) \approx (T, \mathcal{O}_T)$
である. また, 定理 7.13 より, 恒等写像は連続であり, また, 連続写像の合成
も連続だったから, $(T, \mathcal{O}_T) \approx (T, \mathcal{O}_T)$ であるし, $(T_1, \mathcal{O}_{T_1}) \approx (T_2, \mathcal{O}_{T_2})$ か
つ $(T_2, \mathcal{O}_{T_2}) \approx (T_3, \mathcal{O}_{T_3})$ ならば $(T_1, \mathcal{O}_{T_1}) \approx (T_3, \mathcal{O}_{T_3})$ である.

　重要な事実として, 「同相写像は位相的な性質を保存する」. 実際, 2 つの
位相空間の間の同相写像は互いに開集合を開集合に写しあうのだから, 位相と
して与えられた開集合族に基いた性質が一方で成り立てば, そのまま他方でも
成り立つ. つまり, 同相な位相空間は実質的に同じ位相構造を持つ.

> **注意 7.6　位相的な性質**　上に述べたことを逆に言えば, 位相的な性質と
> は位相, すなわち, 与えられた開集合の族によって語りうる性質であり,
> これらは同相写像で保たれる. 一方で, 位相に関係はするが純粋に位相的
> な性質でないものもある. 例えば, 距離の性質を用いて定義された全有界
> 性や完備性は, 位相の言葉だけでは語りえないし, 同相写像によって保た
> れるとも限らない.

　同相の簡単な例を挙げておこう.

例 7.8 区間の同相 $\mathbb{R}$ 上の開区間は ($\mathbb{R}$ からの通常の相対位相のもと) どれも同相. 実際, 開区間 $(0,1)$ から (a,b) への同相写像 $f(x) = (b-a)x+a$ がある. また, 閉区間同士も同じ写像を同相写像として同相.

しかし, 開区間と閉区間は同相でない. なぜなら, 同相写像はコンパクト性を保存するが, 閉区間はコンパクトで開集合はコンパクトでない.

この例のように, 区間の長さを伸び縮みさせても位相は保たれる. しかし, 以下の例のように, 円周を引きちぎって線分にすることはできない.

例 7.9 円周と区間 $\mathbb{R}^2$ 内の半径 1 の円周から 1 点 $(1,0)$ を除いた $\{(\cos\theta, \sin\theta) : 0 < \theta < 2\pi\}$ で円弧の長さを距離として距離位相を考えたものと, 通常の位相での開区間 $(0, 2\pi)$ とは明らかに同相.

しかし, 円周全体 $\{(\cos\theta, \sin\theta) : 0 \le \theta < 2\pi\}$ は, 開区間 $(0, 2\pi)$ と同相でないし, 閉区間 $[0, 2\pi]$ や $[0, 2\pi)$ とも同相でない.

注意 7.7 同相写像と位相幾何学 (トポロジー) どのような空間 (図形) が同相であるか, ないか, どのような性質を持つか, といった研究は「位相幾何学 (トポロジー [2])」と呼ばれている. 譬喩としては, 図形が伸び縮み自由だったとして互いに変形できるような図形は同相である.

ただし, 興味深い例を正確な証明つきで述べることは本書のレベルでは難しい. 例えば, 上の例 7.9 で, 円周と閉区間が同相でないことは直観的には自然だが, 厳密に証明することはやさしくない.

同相であるかの厳密な判定の常套手段は, 同相写像で不変であるような調べやすい性質 (例えばコンパクト性), あるいは計算しやすい量を定義することだが, 詳しくは位相幾何学の入門書に任せる.

---

[2] 「トポロジー (topology)」は「位相」の原語だが, 通常は本書で言う位相ではなく, 位相幾何学を意味する. 本書の意味での位相は "general topology" と呼んで区別することが多い.

7.3　分離性と連結性

7.3.1　分離性

　密着位相 (定義 7.2) が典型例だが，各点を区別できないような位相は大抵，自明でつまらない．よって通常は，「分離性」と呼ばれる条件を仮定する．その中でもっとも基本的なものが以下である．

定義 7.19　ハウスドルフ性　位相空間 $(T, \mathcal{O})$ について，任意の異なる 2 点 $x, y \in T$ に対し x の近傍 $U \in \mathcal{O}$ と y の近傍 $V \in \mathcal{O}$ で $U \cap V = \emptyset$ となるものが存在するとき，位相空間 T はハウスドルフ性を持つ，またはハウスドルフ空間である[3]，などと言う．

　つまり，どの 2 点に対してもそれらを分離する開集合がある，という性質である．自明で極端な例として，密着位相の開集合は空集合と全体集合だけだから (元が 2 つ以上あれば) これを満たさない．一方，離散位相はそれぞれの点の 1 点集合を含むので，ハウスドルフ性を持つ．

　ハウスドルフ空間の典型例は距離空間である．

例 7.10　距離位相空間はハウスドルフ　距離位相空間 (X, d) は常にハウスドルフ性を満たす．実際，任意の $x, y \in X$ に対し，$x \neq y$ ならば，$0 < \varepsilon < d(x, y)/2$ なる ε に対し，$B_\varepsilon(x) \cap B_\varepsilon(y) = \emptyset$.

　ハウスドルフ空間の基本的な性質を見ておこう．

定理 7.16　ハウスドルフ空間の 1 点集合　ハウスドルフ空間 $(H, \mathcal{O}_H)$ において，1 点 $x \in H$ のみからなる集合 $\{x\}$ は閉集合．

証明　$\{x\}^c = H \setminus \{x\}$ が開集合であることを示せばよい．この任意の点 $y \in \{x\}^c$ に対し，ハウスドルフ性より $x \in O_1, y \in O_2, O_1 \cap O_2 = \emptyset$ を満た

---

[3] ハウスドルフ性のことを T_2 公理，これを満たす位相空間を T_2 空間などと呼ぶ流儀もある．この他，T_1, T_3, T_4 公理もあって，それぞれを仮定したときの性質が詳しく調べられている．

す $O_1, O_2 \in \mathcal{O}_H$ がある. この O_2 は y の近傍であって, かつ $O_2 \subset \{x\}^c$ だから, y は $\{x\}^c$ の内点. y は任意だったから, $\{x\}^c$ は開集合.   □

一般の位相空間では「収束」の概念を定義できても, 極限が 1 つとは限らない (注意 7.2). 極限の一意性を保証するには, ハウスドルフ性があればよい.

> **定理 7.17**   ハウスドルフ空間 $(H, \mathcal{O}_H)$ において, 収束する点列の極限は一意.

証明 H の収束する点列 $\{a_n\}_{n \in \mathbb{N}}$ に対し, 異なる 2 点が両方ともその極限ならば, ハウスドルフ性から, この 2 点の近傍 $U, V \in \mathcal{O}_H$ で, $U \cap V = \emptyset$ なるものがある. しかし, この 2 点はどちらも $\{a_n\}$ の極限なのだから, ある N が存在して $n \geq N$ ならば $a_n \in U$ かつ $a_n \in V$, つまり $a_n \in U \cap V$ であり, $U \cap V = \emptyset$ に矛盾.   □

7.3.2 連結性

ある位相空間について, 空間全体が「ひとつながり」であることは重要な性質だろう. この本質を取り出して抽象化する方法は複数あるが, まず, 以下の定義がそのもっとも基本的なものである.

> **定義 7.20 連結性**   位相空間 $(T, \mathcal{O})$ が連結であるとは, 空集合でない $U, V \in \mathcal{O}$ で $U \sqcup V = T$ となるものが存在しないこと.

つまり, 連結とは 2 つの開集合の直和に分解できないことである. 本書ではこれを「連結性」の定義に採用したが, 以下のような簡単な言い換えがある.

> **演習問題 7.2 連結性の同値条件**
> 位相空間 $(T, \mathcal{O})$ が連結であることは, T の開集合かつ閉集合である部分集合が $\emptyset$ と T 自身の 2 つのみであることに同値. これを証明せよ.
> (ヒント:任意の $A \subset T$ について $T = A \sqcup A^c$)

位相空間全体と同様に, 部分集合についても連結性を定義できる.

定義 7.21　部分集合の連結性　位相空間 $(T, \mathcal{O})$ の部分集合 $A \subset T$ が
連結であるとは, 開集合 $U, V \in \mathcal{O}$ で

$$A \cap U \neq \emptyset, \quad A \cap V \neq \emptyset; \quad A \subset U \cup V, \quad A \cap U \cap V = \emptyset$$

であるものが存在しないこと.

つまり, この図形を 2 つに切り分けるような開集合がない, という性質である. また, 相対位相 (定義 7.6) を用いれば A 自身を位相空間として連結であることに他ならない.

例をいくつか挙げておこう. 定義の性質上, 連結でないことの方が示しやすい.

例 7.11　2 つの区間　区間の和集合 $(0, 1] \sqcup [2, 3)$ も $(0, 1) \sqcup (1, 3)$ も, 定義より連結でない.

例 7.12　有理数全体 $\mathbb{Q}$　$\mathbb{Q}$ は通常の距離位相のもと連結でない. 実際, $U = \{x \in \mathbb{Q} : x^2 > 2\}, V = \{x \in \mathbb{Q} : x^2 < 2\}$ とすると, $U \sqcup V = \mathbb{Q}$ だが, $\mathbb{Q}$ の位相において, どちらも空でない開集合.

連結な例として以下は一見は自明だが, 厳密に示すのはやや難しい.

例 7.13　実数全体 $\mathbb{R}$　通常の距離位相のもと $\mathbb{R}$ は連結.

　もし空集合でない開集合で $\mathbb{R} = U \sqcup V$ と直和に分けられたとして矛盾を導く. $u \in U$ を任意に選び, これを用いて V を $R = \{x \in V : u < x\}$ と $L = \{x \in V : x < u\}$ の直和にさらに分解する. ここで $R \neq \emptyset$ ならば, u がその下界の 1 つだから R の下限 $r = \inf R$ が存在し, $[u, r) \subset U$ となる. U は開集合 V の補集合だから閉集合なので $r \in U$.

　U は開集合でもあるので, $r \in U$ より $[u, r + \varepsilon) \subset U$ なる $\varepsilon > 0$ が存在し, $r = \inf R$ に矛盾. ゆえに $R = \emptyset$ でなければならないが, 同じ議論で $L = \emptyset$ となって, $V = L \sqcup R \neq \emptyset$ に矛盾.

連続写像で保たれることは, 連結性のもっとも重要な性質である.

> **定理 7.18**　　位相空間 $(T, \mathcal{O}_T)$ から $(S, \mathcal{O}_S)$ への連続写像 φ に対し，部分集合 $A \subset T$ が連結ならばその像 $\varphi(A) \subset S$ も連結.

証明　主張の対偶，すなわち，$\varphi(A)$ が連結でないなら A も連結でないことを示そう．$\varphi(A)$ が連結でないことから，$U, V \in \mathcal{O}_S$ で

$$\varphi(A) \cap U \neq \emptyset, \quad \varphi(A) \cap V \neq \emptyset; \quad \varphi(A) \subset U \cup V, \quad \varphi(A) \cap U \cap V = \emptyset$$

なるものがある．これに対して，U, V の逆像 $U' = \varphi^{-1}(U), V' = \varphi^{-1}(V)$ を考えれば，φ の連続性より $U', V' \in \mathcal{O}_T$ であり，

$$A \cap U' \neq \emptyset, \quad A \cap V' \neq \emptyset; \quad A \subset U' \cup V', \quad A \cap U' \cap V' = \emptyset$$

となっているから，A は連結でない．　　　　　　　　　　　　　　□

　また，以下の性質もしばしば便利である．

> **定理 7.19**　　位相空間 $(T, \mathcal{O})$ の部分集合 A が連結ならば，$A \subset B \subset \overline{A}$ を満たす部分集合 B も連結.

証明　背理法で示す．B が連結でないならば，$U, V \in \mathcal{O}$ で

$$B \cap U \neq \emptyset, \quad B \cap V \neq \emptyset; \quad B \subset U \cup V, \quad B \cap U \cap V = \emptyset$$

なるものがある．よって，$A \subset B$ より，

$$A \subset U \cup V, \quad A \cap U \cap V = \emptyset.$$

しかし，A は連結なのだから，$A \cap U$ と $A \cap V$ のどちらかは空集合．
　$A \cap U = \emptyset$ とすると $A \subset U^c$ となるが，U^c は閉集合なので $\overline{A} \subset U^c$ (演習問題 7.1)．よって，$\overline{A} \cap U = \emptyset$ となって，$B \cap U \neq \emptyset$ と $B \subset \overline{A}$ に矛盾．$A \cap V = \emptyset$ の場合も同様．　　　　　　　　　　　　　　□

7.3.3　連結成分と弧状連結性

　連結な部分集合の重なりあう和集合がまた連結になることも大事である．

> **定理 7.20**　　位相空間 $(T, \mathcal{O})$ の部分集合 $A_\lambda, (\lambda \in \Lambda)$ がそれぞれ連結で，どの 2 つの共通部分も空でないならば，和集合 $\bigcup_{\lambda \in \Lambda} A_\lambda$ も連結.

証明　背理法で示そう．もし $A = \bigcup_{\lambda \in \Lambda} A_\lambda$ が連結でないならば，ある $U, V \in \mathcal{O}$ が存在して，

$$A \cap U \neq \emptyset, \quad A \cap V \neq \emptyset; \quad A \subset U \cup V, \quad A \cap U \cap V = \emptyset.$$

これより，$A_\mu \cap U \neq \emptyset, A_\nu \cap V \neq \emptyset$ となる $\mu, \nu \in \Lambda$ があり，また，任意の $\lambda \in \Lambda$ について，$A_\lambda \subset U \cup V$ かつ $A_\lambda \cap U \cap V = \emptyset$.

このとき，$A_\nu \cap U = \emptyset$ かつ $A_\mu \cap V = \emptyset$ に注意せよ (実際，どちらかが空集合でないなら，A_μ, A_ν の少なくとも一方が連結でない)．これより，$A_\mu \cap A_\nu \cap U = \emptyset, A_\mu \cap A_\nu \cap V = \emptyset$ だから，

$$(A_\mu \cap A_\nu) \cap (U \cup V) = (A_\mu \cap A_\nu \cap U) \cup (A_\mu \cap A_\nu \cap V) = \emptyset.$$

ゆえに，$A_\mu \cap A_\nu \subset A \subset U \cup V$ より，$A_\mu \cap A_\nu = (A_\mu \cap A_\nu) \cap (U \cup V) = \emptyset$ となって，仮定に矛盾.　　　　　　　　□

この定理の応用として，位相空間 $(T, \mathcal{O})$ の全体が連結でなくても，同値類 (定義 4.12) を用いて連結な各部分に分けられることがわかる.

$x, y \in T$ に対して，x, y 両方を含むような連結な部分集合 $A \subset T$ があれば，$x \sim y$ と書くことにすれば，この "$\sim$" は同値関係 (定義 4.4) である．実際，自明でないのは推移律だけだが，$x \sim y$ かつ $y \sim z$ ならば，x, y を含む連結な集合と y, z を含む連結な集合の和集合は，上定理より再び連結だから，$x \sim z$.

よって，T は同値関係 "$\sim$" による同値類に分けられる．この各同値類を T の連結成分と言う．しばしば，与えられた点 $x \in T$ に対して，この x を含むような連結成分に注目したいことがある.

> **定理 7.21**　　位相空間 $(T, \mathcal{O})$ の点 x を含む連結成分 $C_x \subset T$ は閉集合で，しかも，x を含む連結な集合の中で最大 (任意の連結集合を包含する).

証明　最大の連結集合であることから示そう．x を含むすべての連結な集合の

和集合を C とすれば，上定理 7.20 より C も連結であり，しかも定義より x を含む最大の連結な集合．よって，$C = C_x$ を示せばよい．

まず，任意の $y \in C$ について $x \sim y$ より $y \in C_x$ だから，$C \subset C_x$ である．一方，任意の $z \in C_x$ について，$x \sim z$ より，x, z を含む連結な集合 A が存在し，$A \subset C$ だから $z \in C$．よって，$C_x \subset C$．これで両方向の包含関係が示せたので $C = C_x$．

C_x が閉集合であることはこれから直ちに得られる．実際，$C_x = C$ は連結だから，定理 7.19 より $\overline{C_x}$ も連結．しかし，C_x は x を含む最大の連結な集合だったのだから，$\overline{C_x} = C_x$．よって，C_x は閉集合 (演習問題 7.1)．　□

連結成分を用いて，「ひとつながり」の性質のまた別の抽象化を挙げよう．

定義 7.22　弧状連結性　位相空間 $(T, \mathcal{O})$ が弧状連結であるとは，任意の 2 点 $a, b \in T$ に対して，連続写像 $\varphi : [0, 1] \to T$ で $\varphi(0) = a, \varphi(1) = b$ となるものが存在すること ($[0, 1]$ の位相は通常の距離位相)．

位相空間 $(T, \mathcal{O})$ の部分集合 $A \subset T$ の弧状連結性も，A 自身を相対位相 (定義 7.6) による位相空間とみなして，上と同様に定義する．

「弧状連結」であるとは，任意の 2 点を切れめのない「道」でつなげることである．まず，弧状連結性は連結性より強い性質であることがすぐわかる．

定理 7.22　　位相空間が弧状連結ならば連結である．

証明　位相空間 $(T, \mathcal{O})$ が弧状連結ならば，任意の $a, b \in T$ についてこれを結ぶ連続写像 $\varphi : [0, 1] \to T$ がある．

また，区間 $[0, 1]$ は連結である．なぜなら，$\mathbb{R}$ は連結であり (演習問題 7.13)，$\mathbb{R}$ と $(0, 1)$ の対応は連続であることから (演習問題 4.3)，$(0, 1)$ も連結で (定理 7.18)，$\overline{(0, 1)} = [0, 1]$ より $[0, 1]$ も連結 (定理 7.19)．

よって，連続写像による $[0, 1]$ の像 $\varphi([0, 1]) \subset T$ も連結 (定理 7.18)．したがって，$a, b \in \varphi([0, 1])$ より，T 自身が 1 つの連結成分であり，T は連結．　□

　初学者にはやや意外かもしれないが，上の定理の逆は成り立たない．例えば，「トポロジストのサインカーヴ」(例 5.17) $f : \mathbb{R} \to \mathbb{R}$ を $C = \{(x, f(x)) \in \mathbb{R}^2 : x \in \mathbb{R}\}$ のようにユークリッド空間 $\mathbb{R}^2$ 内の集合と見ると，$f(x)$ が $x = 0$ で連続でないことより，$(0,0) \in C$ とその他の点を連続な道でつなぐことはできないので，弧状連結ではない．しかし，$(0,0)$ のどんな近傍も C の他の点を含むため，開集合で分離することはできないから，連結である．

演習問題 7.3

　「トポロジストのサインカーヴ」が連結ではあるが弧状連結でないことの上の説明を，証明の形に書き直せ．

第 8 章

圏

この章では，圏の初歩的な解説を行う．本書では圏論のほんの入口にしか触れないが，読者に馴染みの集合と写像を例として，具体的に圏の考え方を解説する．

8.1 圏とその基礎的概念

8.1.1 圏の定義

既に写像の代数の性質を持つ「矢印」について述べてきたが (第 3.3, 4.3 項)，今それを圏の定義として書き下すと以下のようになる．

定義 8.1 **圏** 圏とは「対象」の集まり $\mathcal{U}$ と，対象 A, B に対する A から B への「射」($A \to B$ と書く) の集まり $\mathcal{A}$ との対 $(\mathcal{U}, \mathcal{A})$ であって，以下の性質を満たすものである．

- 各対象 A について，恒等射と呼ばれる射 $I_A : A \to A$ が存在する．
- 各射 $\alpha : A \to B, \beta : B \to C$ について，α と β の「合成」と呼ばれる射 $\beta \circ \alpha : A \to C$ が存在する．
- 射は以下の 2 つの法則を満たす．

  ・(結合法則): 射 $\alpha : A \to B, \beta : B \to C, \gamma : C \to D$ について常に，

  $$(\gamma \circ \beta) \circ \alpha = \gamma \circ (\beta \circ \alpha).$$

  (よって，合成は括弧で順序を指定せずとも 1 つに定まる)

  ・(単位法則): 射 $\alpha : A \to B$ について常に，

  $$\alpha = \alpha \circ I_A = I_B \circ \alpha.$$

上の定義について，1 つだけ微妙な点を注意しておく．

注意 8.1　「集まり」と集合　上の定義での対象や射の「集まり」は，必ずしも集合でなくてもよい．このことは圏に大きな自由と抽象力を与える．

　この「集まり」とはそこに属するかどうかは明確に決まるが，必ずしも集合ではないものであり，「クラス」と呼ばれることが多い．また，集合でないクラスを「真のクラス」と言う．真のクラスとは，例えば「すべての集合の集まり」のように，集合には「大き過ぎる」集まりである[1]．

　真のクラスに対しては自由に集合の操作をすることはできないし，厳密に言えば，標準的な数学体系 (ZFC 系) においてはすべてが集合である以上，真のクラスは存在しない．よって真のクラスによる表現はインフォーマルな「集合風の」書き方である．

　本書ではこれ以上にクラスを説明しないが，第 2.3.1 項の最後の，全称/存在命題と集合を巡る問題とクラスに関する脚注 5 も参照のこと[2]．なお，クラスに属することにも "∈" の記号を使うが，簡便のためであって，必ずしも集合に元として属するという意味ではない．

圏の例を挙げる前に，関係する簡単な概念をいくつか追加しておこう．

定義 8.2　始域と終域　射 $\alpha : A \to B$ に対して，対象 A を射 α の始域，B を終域と言う[3]．

恒等射以外にも，特別な射として以下の概念を用意しておく．

定義 8.3　同型と逆射　射 $\alpha : A \to B$ に対して，射 $\beta : B \to A$ が存在して，$\beta \circ \alpha = I_A$ かつ $\alpha \circ \beta = I_B$ となるとき，この α を同型射と言う．また，β を α に対する逆射と言い，記号で $\beta = \alpha^{-1}$ と書く．

---

[1] 通常，射のクラスが集合である圏を「小さな圏」，そうでない圏を「大きな圏」，各対象の対ごとにその間の射のクラスが集合である圏を「局所的に小さな圏」と呼ぶ．多くの場合は「局所的に小さい」ことが (暗に) 仮定されている．本書ではおおらかにこれらの区別を気にしない．

[2] 圏論の文脈の集合とクラスに興味を持った読者には，出発点としてレンスター [2] の第 3 章「休憩：集合論について」，およびマックレーン [3] の第 1 章 6 節「基礎論」を勧めておく．

[3] 始域を定義域，終域を値域という言葉も広く用いられている．

さらに対象 A, B の間に同型射 $\alpha : A \to B$ が存在するとき，A, B は同型であると言い，記号で $A \simeq B$ と書く．

恒等射 $I_A : A \to A$ は A から A 自身への同型射だから $A \simeq A$ であるし (反射律)，同型射 $\alpha : A \to B$ に対して逆射 $\beta : B \to A$ は始域と終域が逆の同型射だから，$A \simeq B$ ならば $B \simeq A$ である (対称律)．また，同型射 $\alpha : A \to B, \beta : B \to C$ によって $A \simeq B, B \simeq C$ ならば，$\beta \circ \alpha : A \to C$ が同型射 ($\alpha^{-1} \circ \beta^{-1} : C \to A$ がその逆射) だから，$A \simeq C$ であることもすぐわかる (推移律)[4]．

逆射は存在すれば一意的である．読者は既にこの証明を本質的に知っているのだが，圏の枠組みで再度，証明しておく．

定理 8.1 逆射は存在すれば一意的である．

証明 もし，射 $\alpha : A \to B$ に対して逆射が，$\beta, \beta' : B \to A$ のように 2 つ存在したとすると，

$$\beta \circ \alpha = I_A, \quad \alpha \circ \beta = I_B; \quad \beta' \circ \alpha = I_A, \quad \alpha \circ \beta' = I_B$$

であるから，(以下の図を眺めながら) これらの関係を用いて，

$$I_A \,\circlearrowleft\, A \underset{\beta, \beta'}{\overset{\alpha}{\rightleftarrows}} B \,\circlearrowright\, I_B$$

$$\beta = \beta \circ I_B = \beta \circ (\alpha \circ \beta') = (\beta \circ \alpha) \circ \beta' = I_A \circ \beta' = \beta'.$$

$\square$

この証明は定理 3.1 で見た，逆写像の一意性の証明とまったく同じであることに注意せよ．それも当然で，その時の証明で用いた写像の代数は，圏の定義における射の性質に他ならないからである．

上の証明の中でも理解を助けるために用いたが，射を対象から対象へ向かう矢印で表した図を「図式」と言う．

以下の 2 つの図もそれぞれ図式の例である．この 2 つの図式はどちらも，こ

---

[4] 以上 3 つの関係より，圏の対象全体が集合のときには，同型は同値関係 (定義 4.4) である．

の圏に対象 A, B, X, Y と，それらの間の射 $f : A \to B, g : X \to Y, \varphi : A \to X, \psi : B \to Y$ があることを示している．

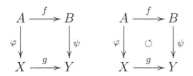

上の図式は簡単だが，多くの対象と射を持ついくらでも複雑な図式がありうる．このような図式において，存在する射をすべて書き込むと煩雑なので，恒等射や合成など存在が明らかなものは省略することが多い．実際，上の図式では各対象の恒等射や，射の合成 $\psi \circ f : A \to Y, g \circ \varphi : A \to Y$ が省略されている．

また，上の 2 つの図式の唯一の違いは，中央に描かれた丸い矢印である．この記号は，矢印をたどった射の 2 通りの合成の始域と終域が一致するとき射が等しいこと，すなわち，$\psi \circ f = g \circ \varphi$ を示すものである．このような図式を特に「可換図式」と言う．ただし，文脈から可換図式であることが明らかな場合には，丸い矢印の記号もしばしば省略される．

図式 (と可換図式) は，単に図示に便利だというだけではなく，圏論において本質的な役割を果たす．

演習問題 8.1

　恒等射が一意であることを証明せよ．(よって，対象とその上の恒等射を同一視することで，論理的には，射のみで圏が定義できる)

8.1.2　圏の例

　以下では圏の定義に慣れるため，まずは，対象と射に具体的な描像を与えない例をいくつか見ておこう．

例 8.1　もっとも簡単な圏　もっとも簡単な圏は，1 つだけの対象 A と，射として恒等射 $I_A : A \to A$ だけを持つ圏である．この圏の射に対してありうる合成は $I_A \circ I_A : A \to A$ だけで，単位法則より I_A に等しい．

> **例 8.2 次に簡単な圏** 次に簡単な圏は，1 つだけの対象 A と，恒等射 I_A の他に，射 $\alpha : A \to A$ を持つ圏だろう．しかし，この圏は既にかなり複雑な構造を持つ．なぜなら，α と α 自身の合成 $\alpha \circ \alpha : A \to A$ という射も持たねばならない．同様にして，α を自身と n 回合成した射 $\alpha^n = \alpha \circ \cdots \circ \alpha : A \to A$ もある．
>
> これらは（$\alpha^2 = I_A$ や $\alpha^4 = \alpha$ のような特別な関係がない限り）異なる射として存在し，合成法則 $\alpha^n \circ \alpha^m = \alpha^{n+m}$ が成り立つ．
>
> （実は，これは結合法則を満たす二項演算を持つ数学的構造の抽象化であり，「半群」や「モノイド」と呼ばれる）

> **例 8.3 また別の簡単な圏** また別の簡単な圏は，2 つの対象 A, B と（その上の恒等射 I_A, I_B と），恒等射ではない 1 つの射 $\alpha : A \to B$ だけからなる圏である．単位法則より，この 3 つの他に射はない．

> **例 8.4 離散圏** 「もっとも簡単な圏」例 8.1 を複数の対象に一般化したものとして，各対象の上の恒等射以外に射を持たない圏を離散圏と言う．離散圏は自明な関係しか持たないので，通常は興味を引かない．

以下は圏の例と言うよりも性質だが，簡単ながら重要なので挙げておく．

> **定義 8.4 反対圏** 圏 $\mathcal{C} = (\mathcal{U}, \mathcal{A})$ に対し，すべての射 $\alpha \in \mathcal{A}$ について，$\alpha : A \to B$ の始域と終域を交換して $\alpha' : B \to A$ としたものも明らかに圏になる．これを $\mathcal{C}$ の反対圏と言う．

以下では，具体的な構造を持つ例を挙げよう．ただし，本書では高度な数学の知識は仮定しないので，挙げるのは構造を持つ集合に関する例である．

> **例 8.5 集合と写像の圏** すべての集合を対象とし，集合の間のすべての写像を射とすると圏になる．実際，写像の合成と恒等写像の性質が圏の条

件に他ならない．この圏を集合と写像の圏，または単に集合の圏と言い，記号で **Set** と書く．

単なる集合と写像ではなく，位相空間と連続写像も圏をなす．

> **例 8.6 位相空間と連続写像の圏** 定理 7.13 で見たように位相空間の上の恒等写像は連続，また，連続写像の合成もまた連続写像だった．よって，位相空間を対象とし，それらの間の連続写像を射とすれば，圏をなす．

位相も集合の構造だったが，一般に構造を持つ集合とその構造を保つ写像も，しばしば圏をなす．以下はその順序集合 (定義 4.5) の場合である．

> **例 8.7 順序集合と順序を保存する写像の圏** 第 4.3.2 項で見たように，順序集合 $(X, \preceq)$ の上の恒等写像 $I_X : X \to X$ は順序を保つし，3 つの順序集合 $(X, \preceq), (Y, \preceq'), (Z, \preceq'')$ について，順序を保つ写像 $f : X \to Y, g : Y \to Z$ の合成 $g \circ f : X \to Z$ も順序を保つ．これらが結合法則と単位法則を満たすことは，単なる写像のときと同じ．よって，順序集合を対象，順序を保存する写像を射として，圏をなす．

また集合と写像の圏とはまったく異なる重要な圏の例として，順序集合自体が既に圏である．

> **例 8.8 順序の圏** 同じく第 4.3.2 項で見たように，順序集合 $(X, \preceq)$ に対し，順序関係 $a \preceq b$ を射 $\alpha : a \to b$ とみなせば，この射は写像の代数をなす．よって，その元を対象，順序関係を射として，X は圏．
> 　ちなみに，$a \preceq b$ かつ $b \preceq a$ と $a = b$ は同値だから，$\alpha : a \to b$ に対し $\beta : b \to a$ があれば $a = b$．つまり，この圏での対象の同型 (定義 8.3) とは通常の "$=$"．

演習問題 8.2 集合の圏の同型，位相空間と連続写像の圏の同型
　上の例 8.5 と 8.6 において対象の同型は何を意味するか．

8.2 特別な対象と射

8.2.1 始対象, 終対象

本節では, 1 つの圏の中の特別な対象や射で基本的なものを挙げる. これらの性質がどれも, 他の (すべての) 対象や射とどういう関係を持っているか, という言葉遣いで述べられることに特に注意されたい.

まず, もっとも簡単な特別な対象として, 以下の始対象と終対象を挙げよう.

定義 8.5　始対象, 終対象　圏 $\mathcal{C}(\mathcal{U}, \mathcal{A})$ において, $J \in \mathcal{U}$ が始対象であるとは, 各 $X \in \mathcal{U}$ に対してただ 1 つだけの射 $J \to X$ が存在すること.

また, $T \in \mathcal{U}$ が終対象であるとは, 各 $X \in \mathcal{U}$ に対してただ 1 つだけの射 $X \to T$ が存在すること.

例 8.9　集合の圏の始対象, 終対象　Set 圏 (定義 8.5) の始対象は空集合 $\emptyset$, 終対象は元を 1 つだけ持つ 1 点集合 P である. 実際, $\emptyset$ からどんな集合へも写像は, 「何もしない」という写像 1 つしかないし (注意 3.1), どんな集合からも 1 点集合 P への写像はすべての元を P の 唯一の元へ写す写像 1 つしかない (第 0.3.3 項参照).

例 8.10　順序の圏の始対象, 終対象　順序集合 $(X, \preceq)$ 自体の圏 (例 8.8) における始対象は (存在すれば) 最小元で, 終対象は (存在すれば) 最大元.

始対象と終対象に関する以下の定理とその証明は簡単だが, 圏論において「本質的に一意に存在する」ことの典型的な主張とその証明として教育的である. よって, 主張を詳しく述べた上で丁寧に証明する.

定理 8.2　始対象, 終対象の一意性　始対象と終対象はそれぞれ, (存在すれば) 同型を除いて一意である. つまり, もし J と J' がともに始対象ならば, これらの間に唯一の同型射があり, J が始対象ならば, これに同型な任意の対象も始対象である. 終対象についても同様.

証明　J, J' がどちらも始対象ならば，J が始対象であることより，ただ 1 つの射 $f : J \to J'$ があり，また，J' が始対象であることより，ただ 1 つの射 $g : J' \to J$ がある．また，$g \circ f$ と恒等射 I_J はどちらも射 $J \to J$ であるが，J が始対象であることより，これらは一致し，$g \circ f = I_J$．同様にして J' が始対象であることより，$f \circ g = I_{J'}$．よって，f, g は J, J' の唯一の同型射と逆射であり，$J \simeq J'$．

さらに，始対象 J に同型な J' があれば，J' から X への射 ψ がただ 1 つ存在する．実際，(J が始対象であることより) 唯一の同型射 $g : J' \to J$ と唯一の射 $\varphi : J \to X$ との合成 $\psi = \varphi \circ g$ がそれである．さもなければ，$\psi \circ f \neq \varphi$ となって J が始対象であることに反する．

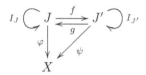

終対象についての証明は，上の証明での射の方向をすべて逆にすればよい．　□

始対象と終対象の関係を例に，重要な事実に注意をうながしておく．

注意 8.2　双対原理　始対象と終対象の定義を比べると，その違いは始域と終域が逆になっているだけで，その他はまったく同じである．つまり，ある圏の始対象は，その反対圏 (定義 8.4) の終対象であり，その逆も正しい．よって，始対象 (終対象) について言えることは，終対象 (始対象) についても言えて，その証明は反対圏を考えるだけ，すなわち，証明の中の矢印の方向を反対にするだけで得られる．

このように圏論ではしばしば，2 つの概念が反対圏の対応で移りあう．これを「双対」の関係と言う．これらの概念 (例えば，空集合と 1 点集合) が本質的に同じものであり，ゆえに，一方についての性質は他方でも (別の意味で) 成り立ち，その証明も自動的に得られる，という「双対原理」は，一見当り前ではあるが圏論の見方の重大な御利益である．

8.2.2　エピ射とモノ射/切断と引き込み
同型射と逆射の他に，また別の特別な意味を持つ射を考えよう．

定義 8.6 エピ射とモノ射 ある圏においてある射 $\alpha : A \to B$ がエピ射であるとは,各射 $\gamma, \gamma' : B \to Z$ に対し,$\gamma \circ \alpha = \gamma' \circ \alpha$ ならば $\gamma = \gamma'$ (この性質を右消去と言う) となること.

$$A \xrightarrow{\ \alpha\ } B \underset{\gamma'}{\overset{\gamma}{\rightrightarrows}} Z$$

また,ある圏においてある射 $\alpha : A \to B$ がモノ射であるとは,各射 $\gamma, \gamma' : Z \to A$ に対し,$\alpha \circ \gamma = \alpha \circ \gamma'$ ならば $\gamma = \gamma'$ (この性質を左消去と言う) となること.

$$Z \underset{\gamma'}{\overset{\gamma}{\rightrightarrows}} A \xrightarrow{\ \alpha\ } B$$

この 2 つの定義が双対であることに注意されたい.また,右消去 (左消去) の性質は,$\gamma \circ \alpha = \gamma \circ \alpha$ ならば右 (左) の α を消去した関係 $\gamma = \gamma'$ が得られる,と言っているだけで,α を右 (左) 側から消去する射,つまり,$\alpha \circ \beta = I_B$ となる射 $\beta : B \to A$ などの存在は意味しないことも注意しておく.

第 3.3.3 項で見たように,以下がエピ/モノ射の典型例である.

例 8.11 全射と単射 **Set** 圏 (定義 8.5) でのエピ射とは全射,モノ射とは単射に他ならない.

異なる直観を与える例として順序集合を挙げておこう.

例 8.12 順序のエピ射とモノ射 順序集合 $(X, \preceq)$ 自体の圏 (例 8.8) では,すべての射がエピ射かつモノ射である.実際,対象 a から b への射 $(a \preceq b)$ は高々 1 つなので,エピ射/モノ射の条件は自動的に満たされる.

全射,単射と全単射との関係から,以下の定理が成立することは自然だろう.

定理 8.3 同型射はエピ射かつモノ射である.

証明 $\alpha : A \to B$ が同型射ならば,逆射 $\alpha^{-1} : B \to A$ が存在する.今,$\gamma, \gamma' : B \to Y$ について,$\gamma \circ \alpha = \gamma' \circ \alpha$ ならば,

$$\gamma = \gamma \circ I_B = \gamma \circ (\alpha \circ \alpha^{-1}) = (\gamma \circ \alpha) \circ \alpha^{-1} = (\gamma' \circ \alpha) \circ \alpha^{-1}$$
$$= \gamma' \circ (\alpha \circ \alpha^{-1}) = \gamma' \circ I_B = \gamma'$$

より,α はエピ射.

また,$\beta, \beta' : X \to A$ について,$\alpha \circ \beta = \alpha \circ \beta'$ ならば,上と同様に,$\alpha^{-1} \circ \alpha \circ \beta = \alpha^{-1} \circ \alpha \circ \beta'$ の関係から,$\beta = \beta'$.よって α はモノ射.

$$X \underset{\beta'}{\overset{\beta}{\rightrightarrows}} A \underset{\alpha^{-1}}{\overset{\alpha}{\rightleftarrows}} B \underset{\gamma'}{\overset{\gamma}{\rightrightarrows}} Y$$

$\square$

Set 圏では全射かつ単射と全単射は同値なので,上の定理の逆も成立する.しかし,この性質は一般の圏では成立せず,エピ射かつモノ射であっても同型射とは必ずしも言えない.実際,上で見た順序集合の圏では,すべての射がエピ射かつモノ射だったが,同型射とは限らない (順序集合での同型は $a \preceq b$ かつ $b \preceq a$ より $a = b$ のことだから,$a \to a$ だけが同型射).

この事情をもう少し詳しく見てみよう.上の定理の証明からわかるように,射 $\alpha : A \to B$ に対し,逆射でなくとも,射 $\beta : B \to A$ で $\alpha \circ \beta = I_B$ となるものがあれば,右消去できるので α はエピ射である.これをふまえて,以下の概念を定義する.

> **定義 8.7 切断と引き込み** 射 $\alpha : A \to B$ に対し,$\alpha \circ \beta = I_B$ となる射 $\beta : B \to A$ を α の切断と言う.また,$\gamma \circ \alpha = I_A$ となる射 $\gamma : B \to A$ を α の引き込みと言う.

(「切断/引き込み」の意味については注意 3.3 も参照のこと)

定義 8.6 の後に注意したように,射が切断/引き込みを持てばエピ射/モノ射だから,切断/引き込みの存在はエピ射/モノ射より強い性質である.

例 8.13 **Set 圏の切断と引き込み** 第 3.3.3 項で見たように, 集合の間の写像については, 空集合が定義域である場合を除いて, モノ射ならば引き込みを持つ. また, エピ射ならば切断を持つ. そして, この切断の存在は選択公理と同値だったので (注意 3.3), 「すべてのエピ射が切断を持つ」が選択公理の圏論的な言い方だということになる.

8.3 より高度な概念

8.3.1 積と余積

圏の対象の「積」の概念を圏論的に, つまり対象と射の言葉で定義しよう.

定義 8.8 対象の積 ある圏の対象 A, B の積とは, 対象 P と射 $\pi_A : P \to A, \pi_B : P \to B$ の組 (または単に P) であって, どの対象 X と射 $f : X \to A, g : X \to B$ についても, 以下の可換図式が成立する射 $\varphi : X \to P$ がただ 1 つ存在するもの (一意的存在を明示するため点線の矢印で表した). この A, B の積 P を記号で $P = A \times B$ と書く.

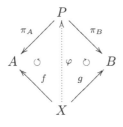

まず, 第 4.3.3 項で見たように, 集合の直積が 1 つの例である.

例 8.14 **集合の直積** 2 つの集合 A, B の直積 $A \times B = \{(a, b) : a \in A, b \in B\}$ (と写像 $\pi_A : (a, b) \mapsto a$ と $\pi_B : (a, b) \mapsto b$) は, **Set** 圏における対象の積である. 実際, 上の積の定義は第 4.3.3 項で見た直積の特徴づけに他ならない.

そして，初学者には意外かもしれないが，以下も「積」の例である．

例 8.15　順序集合の元の min　順序集合 $(X, \preceq)$ の 2 元 $a, b \in X$ につ
いて，$a \preceq b$ ならば $\min(a, b) = a$ (つまり 2 元の大きくない方) と定め
れば，$p = \min(a, b)$ は順序集合を圏と見たときの積 $a \times b$.

　実際，$\min(a, b) \preceq a$ かつ $\min(a, b) \preceq b$ だから，射 $\pi_a : p \to a, \pi_b :$
$p \to b$ があり，もし射 $x \to a, x \to b$ があれば，$x \preceq a, x \preceq b$ なのだか
ら，$x \preceq p = \min(a, b)$ であり，よって，射 $x \to p$ がただ 1 つある．

このように集合の直積と順序集合の min が同じ代数的構造を持つ，というこ
とは自明でないだろう．この洞察が得られたのは圏論的定義のおかげである．

　始対象，終対象と同様に積についても存在が 1 つだけとは限らないが，「本
質的に」1 つだけ，つまり，同型を除いて一意であることが示せる．

定理 8.4　積の一意性　圏の対象の積は存在すれば同型を除いて一意．

証明　対象 A, B に対し，$P = A \times B$ の他に P' も積だったとして，同型射
$P \to P'$ の存在を示せば，その他の確認はやさしい．

　今，P は積 $A \times B$ だから，特に対象 P' と射 $\pi'_A : P' \to A, \pi'_B : P' \to B$
に対して以下の図式を可換にする $\varphi : P' \to P$，すなわち $\pi'_A = \pi_A \circ \varphi$ かつ
$\pi'_B = \pi_B \circ \varphi$ となるような φ がただ 1 つ存在する (以下の左図式)．

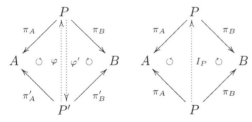

一方，P' も積なのだから，特に対象 P と射 $\pi_A : P \to A, \pi_B : P \to B$ に
対して上の図式を可換にする $\varphi' : P \to P'$，すなわち $\pi_A = \pi'_A \circ \varphi'$ かつ
$\pi_B = \pi'_B \circ \varphi'$ となるような φ' がただ 1 つ存在する (上の左図式)．

　以上より，$\pi_A = \pi_A \circ \varphi \circ \varphi'$ かつ $\pi_B = \pi_B \circ \varphi \circ \varphi'$ となるが，

$\pi_A \circ I_P = \pi_A, \pi_B \circ I_P = \pi_B$ なのだから, 上の右図式の一意性より $\varphi \circ \varphi' = I_P$. これと同様に, π'_A, π'_B に注目すれば, $\varphi' \circ \varphi = I_{P'}$. よって, φ は同型射であり, $P \simeq P'$. □

以下のように積と双対な概念「余積」[5] を定義する.

定義 8.9 対象の余積 ある圏の対象 A, B の余積とは, 対象 Q と射: $\rho_A : A \to Q, \rho_B : B \to Q$ の組 (または単に Q) であって, どの対象 X と射 $f : A \to X, g : B \to X$ についても, 以下の可換図式 (「丸い矢印」の記号は省略した) が成立する射 $\varphi : Q \to X$ がただ 1 つ存在するもの. この A, B の余積 Q を記号で $Q = A + B$ と書く.

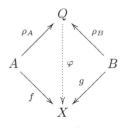

余積の概念の確認として, 以下の演習問題を挙げておく.

演習問題 8.3

Set 圏における対象 A, B の余積 $A + B$ とはどんな操作だろうか. また, 順序集合 $(X, \preceq)$ の圏の余積 $x + y$ とは何を意味するだろうか.

8.3.2 等化子 (イコライザ)

また別の特別な対象と射を導入しよう. 積は 2 つの対象に対して定義されたが, 本項の「等化子 (イコライザ)」は, 始域同士と終域同士を同じくする 2 つの射 $\alpha, \beta : A \to B$ に対して定義される.

---

[5] 数学ではしばしば, 「正弦 (sine)」に対する「余弦 (cosine)」のように対応関係にある概念を「余 (co-)」の接頭辞をつけて表すが, 圏論でも双対の意味でよく用いられる.

積の定義と同様に，前半で述べた性質 ($\alpha \circ \iota = \beta \circ \iota$ となる $\iota : E \to A$) に対し，後半において可換図式の言葉によって，存在するならそれらは良い意味で 1 つとみなせる，という「普遍性」が与えられていることに注意されたい．

定義 8.10　等化子 (イコライザ)　ある圏の射 $\alpha, \beta : A \to B$ の等化子とは対象 E と射: $\iota : E \to A$ の組 (または単に E) で，$\alpha \circ \iota = \beta \circ \iota$ となり，かつ，$\alpha \circ \gamma = \beta \circ \gamma$ となるどの対象 X と射 $\gamma : X \to A$ についても以下の可換図式が成立する射 $\varphi : X \to E$ がただ 1 つ存在するようなもの．

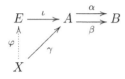

同様の議論をもう何度も見ているので，以下の問題はやさしいだろう．

演習問題 8.4

等化子が同型を除いて一意であることを証明せよ．

等化子の意味を見るには，やはり集合と写像の圏の場合を調べるのがよい．

例 8.16　Set 圏の等化子　集合 A から B への 2 つの写像 $f, g : A \to B$ に対する等化子は，f, g の値が一致するような A の部分集合 $E = \{x \in A : f(x) = g(x)\}$ と，「埋め込み」写像 $\iota : E \ni x \mapsto x \in A$．

つまり，方程式 $f(x) = g(x)$ で定義されるような図形や，2 つの図形の共通部分，というような表現で現れるお馴染みの対象である．これらが集合の各元について触れることなく，圏の言葉で巧みに表現されていることに注意されたい．

演習問題 8.5　余等化子

等化子の双対概念，「余」等化子を定義してみよ．**Set** 圏での余等化子は

何を意味するだろうか.

8.3.3 引き戻し

もう少し複雑なものとして以下の「引き戻し」を定義しよう. 積や等化子の定義と同様に, この定義の後半は, これまでとまったく同様のスタイルで性質の「普遍性」を述べていることに注意されたい. よって, 引き戻しについても, 同型を除く一意性はもはや明らかだろう.

定義 8.11 引き戻し ある圏の射 $\alpha : A \to Z$ と $\beta : B \to Z$ の引き戻しとは, 対象 P と射 $\pi_1 : P \to A, \pi_2 : P \to B$ の組であって, $\alpha \circ \pi_1 = \beta \circ \pi_2$ を満たし, かつ, 同じく $\alpha \circ \pi_1' = \beta \circ \pi_2'$ を満たすようなどんな対象 X と射 $\pi_1' : X \to A, \pi_2' : X \to B$ に対しても, 射 $\varphi : X \to P$ がただ 1 つ存在して, $\pi_1' = \pi_1 \circ \varphi, \pi_2' = \pi_2 \circ \varphi$ となるもの.

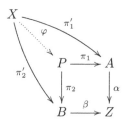

これまでの積と等化子に比べると, 引き戻しの意味はややわかり難いので, **Set** 圏での様子を見てみよう.

定義の後半の「普遍性」はさておき, 問題は, 定義の図式の四角形の部分を可換にする P, π_1, π_2 とはどんなものかである. つまり, 集合 A, B, Z と写像 $\alpha : A \to Z, \beta : B \to Z$ に対して, 集合 P と写像 $\pi_1 : P \to A, \pi_2 : P \to B$ で $\alpha \circ \pi_1 = \beta \circ \pi_2$ となるものとは何か.

それには, $\alpha(a) = \beta(b)$ となるような $a \in A$ と $b \in B$ の対 (a, b) の全体を P とし, π_1, π_2 として A, B への自然な「射影」

$$\pi_1 : P \ni (a, b) \mapsto a \in A, \quad \pi_2 : P \ni (a, b) \mapsto b \in B$$

をとれば, 確かに $\alpha \circ \pi_1 = \beta \circ \pi_2$. この普遍性も積や等化子のとき同様に確認できるので, これで **Set** 圏の引き戻しが構成できた. この例から引き戻しは積

(直積) と等化子をあわせたような概念であることがわかるが, **Set** 圏でさらに
もう少し具体的な例を見てみよう.

　わかりやすいように集合と写像の名前を変えて, 以下のように写像 $f : U \to V$
とその終域 V の部分集合 $W \subset V$ と埋め込み写像 $\iota : W \ni w \mapsto w \in V$ を考
える. これに対する引き戻し, P, π_1, π_2 はなんだろうか.

$$
\begin{array}{ccc}
P & \xrightarrow{\ \pi_1\ } & W(\subset V) \\
\downarrow{\scriptstyle \pi_2} & & \downarrow{\scriptstyle \iota} \\
U & \xrightarrow{\ f\ } & V
\end{array}
$$

上の一般的な場合をあてはめれば, 引き戻しは $\iota(w) = w = f(u)$ となるような
$w \in W(\subset V)$ と $u \in U$ の対 (w, u) の集合 (と自然な射影の対) である. つま
り, 引き戻し P, π_1, π_2 は本質的に W の逆像 $f^{-1}(W)(\subset U)$ を決めている.

　実際, 以下のように $P = f^{-1}(W)$ として, π_1 を $f|_P : P \ni p \mapsto f(p) \in W$,
π_2 を埋め込み $\eta : P \ni p \mapsto p \in U$ とすれば, 定義を満たす.

$$
\begin{array}{ccc}
f^{-1}(W)(\subset U) & \xrightarrow{\ f|_P\ } & W(\subset V) \\
\downarrow{\scriptstyle \eta} & & \downarrow{\scriptstyle \iota} \\
U & \xrightarrow{\ f\ } & V
\end{array}
$$

つまり, 引き戻しは写像のような対応の「逆向き」の概念を (直接に逆向きの対
応に言及することなく) 圏論の枠組みで抽象的に規定する [6]. 例えば, **Set** 圏
以外の場合にも引き戻しを用いて「逆像」を定義することができる.

注意 8.3　極限　　積, 等化子, 引き戻しの定義には明らかな共通性がある.
実際, どれもある図式を満たす対象 (と射の組) で定義され, それが普遍性
を持つことを, 同じ図式を持つ対象と射との可換図式で要請する.

　実は, この手続きは圏における「極限」という概念でさらに抽象化でき,
積, 等化子, 引き戻しはそれぞれの図式に対する極限だということになる.
このようにさまざまな数学概念が, 圏論において極限の言葉で表現でき,
また, 圏論自身においても重要な役割を果たす.

---

[6] これが「引き戻し (pullback)」という名前の意味である.

> **演習問題 8.6　集合の共通部分と引き戻し**
> 集合 A, B の共通部分 $A \cap B$ を **Set** 圏の引き戻しとして定義せよ.

8.3.4 圏と圏との関係へ

これまでは 1 つの圏の中での性質を考えてきたが, 圏論の豊かな世界は圏と圏との関係を調べることから広がっていく. 圏論の枠組みで圏と圏との関係を調べるということは, つまり, 圏の圏を考えることになる.

圏から圏への射のもっとも基本的な概念が以下の関手である.

定義 8.12　関手　ある圏 $\mathcal{C}_1 = (\mathcal{U}_1, \mathcal{A}_1)$ から, ある圏 $\mathcal{C}_2 = (\mathcal{U}_2, \mathcal{A}_2)$ への「関手」 $F : \mathcal{C}_1 \to \mathcal{C}_2$ とは, $\mathcal{U}_1$ の各対象 O に $\mathcal{U}_2$ の対象 $O' = F(O)$ を割り当てる「対象関数」 F と, $\mathcal{A}_1$ の各射 α に $\mathcal{A}_2$ の射 $\alpha' = F(\alpha)$ を割り当てる「射関数」からなり, 以下の条件を満たすものである.

- F は射の合成を各射を写した射の合成に写す. すなわち, $\alpha : A \to B, \beta : B \to C$ なる射 $\alpha, \beta \in \mathcal{A}_1$ について, $F(\beta \circ \alpha) = F(\beta) \circ F(\alpha)$.
- F は恒等射をその対象を写したものの恒等射に写す. すなわち, 各 $A \in \mathcal{U}_1$ について $F(I_A) = I_{F(A)}$.

上の恒等射に関する条件で, 左辺 $F(I_A)$ の F は射関数で, 右辺 $I_{F(A)}$ の F は対象関数であることに注意せよ. このように射関数と対象関数に同じ記号を使って, 一まとめに関手として考えることは便利であり, 本質的でもある.

この関手によって, 異なる圏の間の関係, つまり異なる 2 つの数学的世界の関係を調べることができる. このことは圏論の抽象力のもっとも顕著な応用である. 本書のレベルでは, 数学的に興味深い関手の例を挙げることは難しいが, この概念を把握する練習として, 2 つの例を演習問題の形で挙げておこう.

例 8.17　順序集合の圏と関手　順序集合自体が順序関係を射とした圏であり (例 8.8), 順序集合全体も順序を保つ写像を射として圏だった (例 8.7). この後者の射が関手であることを確認せよ.

> **例 8.18　冪集合関手**　集合 X にその冪集合 2^X(定義 1.3) を対応させる
> ことが，**Set** 圏から **Set** 圏自身への関手であることを確認せよ.

　おそらく，通常の「圏論入門」でカバーすべき範囲は，こののち，関手と関
手の間の射で特に良い性質を持つ「自然変換」を定義し，さらに，この「自然
性」を用いて 2 つの圏の間の特に良い関手である「随伴関手」を定義し，これ
らの性質や典型的な例を調べるところまでだろう.

　本書では，圏論入門への入門として，集合と写像の知識を利用しつつ，1 つ
の圏の中での基本的な概念を通して，圏論特有の考え方を解説することに集中
した. 数学の初学者の段階としては十分な圏論の知識であると思うが，さらに
圏論の世界に本格的に入門したい読者への一助にもなればと期待する.

参考文献

[1] 小平邦彦, 『解析入門 I [軽装版]』, 岩波書店, (2003).

[2] T. レンスター, 『ベーシック圏論』, 斎藤恭司監修, 土岡俊介訳, 丸善書店, (2017).

[3] S. マックレーン, 『圏論の基礎』, 三好博之・高木理訳, シュプリンガー・フェアラーク東京, (2005).

[4] 松坂和夫, 『集合・位相入門』, 岩波書店, (1968). (『数学入門シリーズ 1「集合・位相入門」(新装版)』, 同, (2018).)

[5] 森毅, 『位相のこころ (gay math 2)』, 日本評論社, (1987).(『位相のこころ』, ちくま学芸文庫, (2006))

[6] 田中一之編著, 鹿島亮, 角田法也, 菊池誠, 『数学基礎論講義』, 日本評論社, (1997).

[7] 斎藤毅, 『集合と位相』, 東京大学出版会, (2009).

[8] 齋藤正彦, 『数学の基礎 集合・数・位相』, 東京大学出版会, (2002).

[9] 内田伏一, 『集合と位相』, 裳華房, (1986).

[10] S.Awodey, 『圏論 (原著第 2 版)』, 前原和寿訳, 共立出版, (2015).

[11] S.Awodey, "Category Theory (Second edition)", Oxford University Press, (2010).

[12] F.W.Lawvere and S.H.Schanuel, "Conceptual Mathematics: A first Introduction to Categories", Cambridge University Press, (1997).

索 引

著者紹介

原 啓介（はら けいすけ）　博士（数理科学）
1991 年　東京大学教養学部基礎科学科第一卒業
1996 年　東京大学大学院数理科学研究科博士課程修了
　　　　立命館大学教授，株式会社 ACCESS 勤務などを経て
現　在　Mynd 株式会社取締役
「測度・確率・ルベーグ積分」「線形性・固有値・テンソル」（講談社）
本書のサポートサイト：
https://sites.google.com/site/keisukehara2016/home/works/STC

NDC411　　159p　　21cm

集合（しゅうごう）・位相（いそう）・圏（けん）
数学（すうがく）の言葉（ことば）への最短（さいたん）コース

2020 年 1 月 24 日　　第 1 刷発行

著　者　原 啓介（はら けいすけ）
発行者　渡瀬昌彦
発行所　株式会社 講談社
　　　　〒 112-8001　東京都文京区音羽 2-12-21
　　　　　　販売　（03）5395-4415
　　　　　　業務　（03）5395-3615
編　集　株式会社 講談社サイエンティフィク
　　　　代表　矢吹俊吉
　　　　〒 162-0825　東京都新宿区神楽坂 2-14　ノービィビル
　　　　　　編集　（03）3235-3701
本文データ制作　藤原印刷株式会社
カバー・表紙印刷　豊国印刷株式会社
本文印刷・製本　株式会社 講談社